# 모빌리티 좀 아는 10대

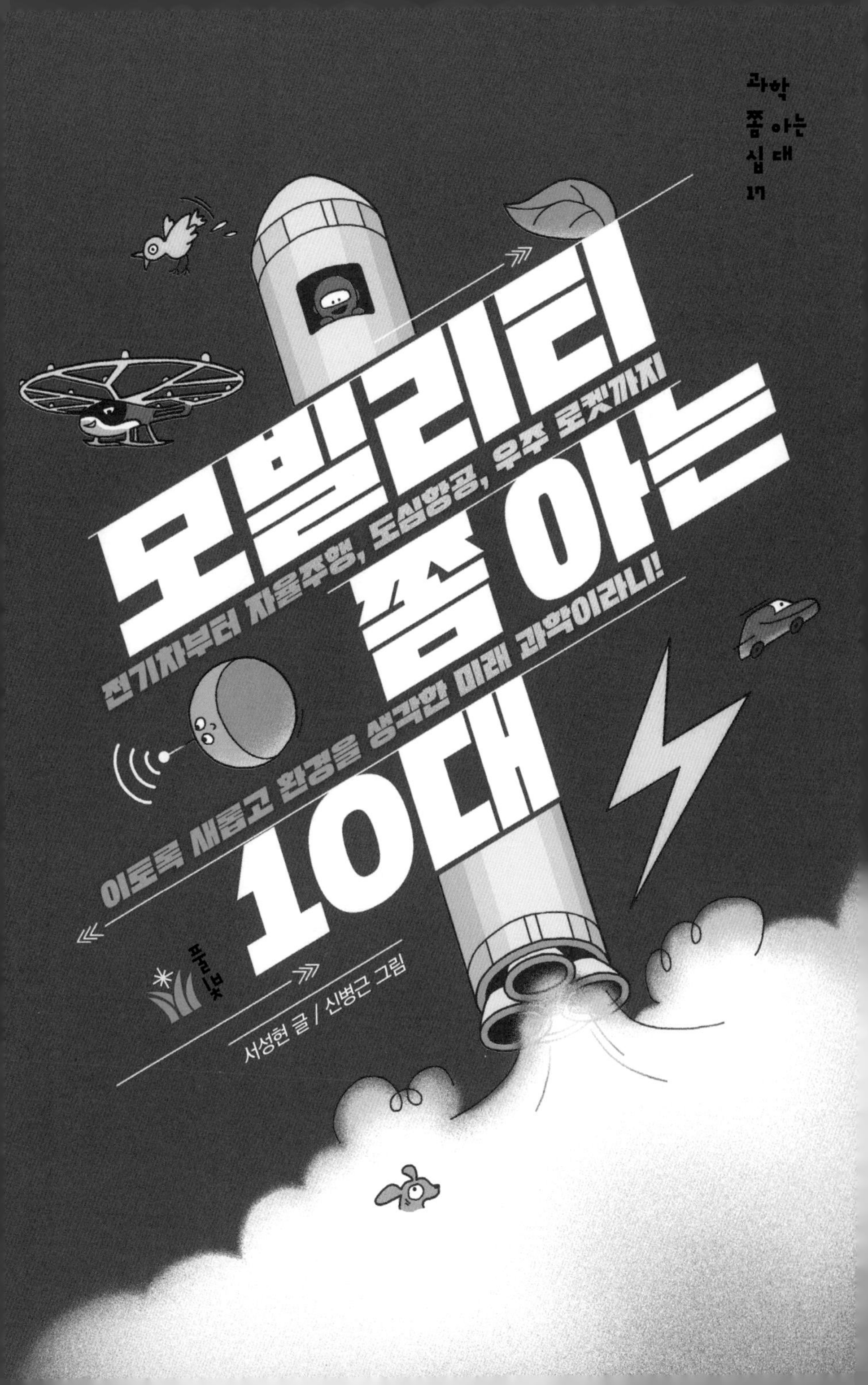
과학 쫌 아는 십대 17
모빌리티 쫌 아는 10대
전기차부터 자율주행, 도심항공, 우주 로켓까지
이토록 새롭고 환경을 생각한 미래 과학이라니!
풀빛
서성현 글 / 신병근 그림

# 세상을 바꾸는 과학, 모빌리티

태어나서 갖게 되는 인생 첫 모빌리티 수단은 무엇일까? 바로, 두 다리야. 네가 처음 두 다리로 걷는 순간, 부모님과 주위 사람들은 이루 말할 수 없이 기뻤을 거야. 그 후 처음 자전거를 탔을 때의 기분을 기억하니? 걸어서 가기 힘든 곳까지 쉽게 도달할 수 있는 '탈 것'이 생긴 기쁨이 정말 크지 않았어? 이것만 있으면 어디든지 갈 수 있겠다는 생각에 날아갈 것만 같은 기분이 들었을지도 모르겠네. 이처럼 '스스로 이동할 수 있는 능력'을 지닌다는 건 진정한 삶이 시작되었다는 것을 의미해.

얼마 전에 사람들과 차를 타고 이동하다가 라디오에서 재미있는 이야기를 들었어. 요즘 유행하는 밸런스 게임(쉽게 고를 수 없는 두 가지 상황을 제시하고, 뭐가 더 나은지 선택하는 게임)이었는데,

질문은 '평생 집에만 있기' 대 '평생 집에 못 들어가기' 이 중에 선택하는 거였지. 당시 차 안에 함께 있던 사람들은 말하길, 집에 들어갈 수 없는 것은 정말 견디기 힘든 일이지만, 그래도 절대 평생 집에만 있지는 못할 것 같다고 했어. 여러분의 생각은 어때? 이동의 자유를 방해받는다면, 너무 가혹한 일 아닐까? 원하는 곳에 갈 수 있는 것은 정말 크나큰 자유를 의미해. 한동안 코로나19로 인해 이동이 자유롭지 못했을 때를 생각해 보면, 그 자유가 너무나 소중한 것임을 쉽게 알 수 있지.

아침에 일어나 집에서 학교로 장소를 '이동'하기 위해 서두르는 나의 모습을 떠올려 보면, 장소를 옮겨 다니는 일이 우리 일상생활에서 적지 않은 부분을 차지하고 있다는 걸 깨닫게 돼. 현실뿐만 아니라 컴퓨터 게임에서도 상대보다 우수한 이동성을 가진 아이템이 있을 때 게임 능력이 눈에 띄게 좋아지는 경험을 한 번쯤은 해 봤을 거야.

지금 가장 가고 싶은 곳은 어디니? 지금보다 어렸을 적엔 어디를 가고 싶었어? 한 번도 가 보지 못한 곳을 상상하면서 언젠간 가 보겠다고 꿈을 꾸진 않았었니? 도시의 불빛이 닿지 않는 밤하늘에 떠 있는 달과 별을 보면서 저곳은 어떻게 생겼을까 상상해 본 적은 없어? 인터넷으로 주문한 물건이 운송 기사님 손에 들려 언제쯤 집에 도착할까 기다려 본 적은?

이미 달에는 사람이 갔다 온 적이 있고, 달 이외의 다른 별에도 직접 가기 위해 여러 가지 우주 탐험 기계들이 만들어지고 있는 걸 보았을 텐데, 이처럼 우리 주위에서는 사람과 물건이 이곳에서 저곳으로 이동하는 일이 항상 벌어지고 있어.

'이동'은 아주 오래전부터 인간의 삶에서 매우 중요한 부분을 차지했어. 그래서 인류는 과거부터 지금까지 '사람과 사물의 이동을 도와줄 수 있는 좀 더 나은 장치가 있으면 어떨까?' 하고 계속 고민해 왔지. 지금도 그런 장치를 만들기 위해 노력하고 있고.

더 멀리, 더 짧은 시간에, 더 빠르게, 더 편하게, 더 안전하게 이동할 수 있는 능력을 가지기 위해서 말이야.

이처럼 눈부신 과학 기술 발전에 의해 이전과 다른 모습으로 빠르게 변화하는 '이동' 그 자체와 '이동을 가능하게 하는 것', 그리고 이와 관련된 여러 가지 활동들을 모두 '모빌리티'라고 부르기 시작했어. 모빌리티를 사전에서 찾아보면 '자유롭게 움직일 수 있는 또는 이동시킬 수 있는 능력'이라고 적혀 있지.

모빌리티에는 최신의 과학 기술들이 다 들어간단다. 그래서 모빌리티의 핵심을 알아보려면 기계, 전자, 화학, 정보 기술(IT) 등 여러 가지 분야의 이해를 필요로 해. 단순하게 과학 원리 한두 개가 적용된 것이 아니거든. 최근엔 모빌리티의 개념을 넓게 생각해서 실제로 이동하는 것뿐만 아니라 메타버스를 활용해서 마치 이동한 것과 같은 경험을 하는 것도 포함하고 있어.

모빌리티에 속하는 과학 기술은 참 다양하지만, 그렇다고 너무 어렵게 생각할 필요는 없어. 지금부터 '움직이는 것'들에 관한 흥미로운 이야기들을 재미있게 시작해 볼게. 과거와 현재, 미래에 펼쳐질 이동과 움직이는 방법에 관한 이야기들을 읽다 보면 흥미로운 과학을 만날 수 있을 거야.

자, 그럼 지금부터 모빌리티의 세상 속으로 함께 들어가 볼까? 움직일 때 아무런 매연도 내뿜지 않는 전기차, 수소로 전기를 만들어 내어 달리는 전기차, 로봇이 대신 운전해 주는 자율주행차, 교통체증을 피해 도시 하늘을 나는 도심항공 모빌리티, 그리고 무한한 가능성을 지닌 우주 로켓까지 찬찬히 살펴보자.

이미 우리 삶에 깊이 파고든 모빌리티 기술을 자세히 알아보면서 앞으로 어떻게 더 진화할지에 대해서도 쉽고 재미있게 이야기해줄게.

차례

**3장 대세가 된 전기차**

**4장 또 다른 전기차, 수소전기차**

# 1장

# 모빌리티, 그게 뭔데요?

## 모빌리티가 궁금해

인공위성, 정보통신 기술과 같은 최첨단 과학 기술이 사용되면서 이동 수단 또한 너무나도 편리하고 빠르게 변하고 있단다. 사람들이 제각기 다른 곳으로 움직이려는 욕구가 많아지면서 도시는 다양한 이동 수단으로 가득차고, 일상도 달라지고 있지. 집에서 회사로, 학교로, 마트와 같은 대형 상점으로, 교외에 있는 식당으로, 유원지로, 관광지 등으로 평일과 주말, 낮과 저녁 시간에 따라 다양한 장소로 가고자 하는 욕구가 많아졌거든. 예전엔 하루만에 다녀온다는 걸 상상도 할 수 없었던 먼 거리에 있는 장소나 해외로 이동하는 것도 이제는 가능해졌지.

최근엔 정보통신 기술의 발달로 이동이 더욱 새로워지고 있어. 이런 움직임을 사람들은 모빌리티라고 부르기 시작했지. 예전에는 교통 또는 이동이라 불렸는데, 이보다는 조금 더 확장된 의미를 가진 단어라고 보면 돼. 모빌리티(mobility)는 모바일(mobile, 이동성이 있는)과 어빌리티(ability, ~할 수 있음)가 합해져서 '사람과 사물의 이동을 제공하는 이동 수단', 또는 '이동하는 능력'으로 이해하면 충분해. 일반적으로 사람이나 사물의 이동을 가능하게 해 주는 각종 서비스나 이동 수단을 말하는 거지.

모빌리티를 자세히 알려면 지금까지 이동과 관련해서 어떤 발전이 있었는지를 과거부터 살펴보면 좋을 거야. 어떤 변화가 있었고, 왜 변화하고 있는지 살펴보면 재미있을 거고. 자, 그럼 '모빌리티 쫌 알아보기'를 시작해 볼까?

## 왜 이동이 중요할까?

지금 당장 가고 싶은 곳이 있니? 갈 곳을 정했다면 어떻게 가야할지를 정해야겠지. 부모님께 차를 태워 달라고 할까, 버스를 타는 게 좋을까? 아, 잠깐만! 생각해 보니 지하철이 가장 빠를 수도 있겠는걸. 지하철역까지는 좀 머니까 걸어가는 대신에 자전거를 타 볼까? 이렇게 다양한 방법을 고민하게 될 거야. 이동을 위해서는 무조건 탈 것이 필요하니까.

인류 역사를 돌이켜 봐도 이동은 정말로 중요했어. 한 국가의 흥망성쇠를 좌우할 정도였지. 오랜 옛날, 번영을 누렸던 로마제국이 그 예야. "모든 길은 로마로 통한다"라는 유명한 말을 들어본 적 있을 거야. 로마제국은 주변 국가를 정복하기 위해서 전쟁에 필요한 보급품과 병사를 신속하게 운반하려고 각 지역을 연결한 도로를 많이 만들었어. 이동을 빠르게 할 수 있는 능력은 한

국가가 다른 국가를 침략할 때 매우 효과적으로 활용되거든.

이동성이 역사에 영향을 미친 또 다른 예를 찾아보면, 가공할 만한 공격 속도를 지닌 기마병으로 13세기 유라시아를 제패한 칭기즈칸의 몽골제국, 2차 세계대전에서 블리츠크리크(Blitzkrieg) 라고 부르는 장갑차와 탱크, 공군력을 동원해 빠르게 진격해서 적을 제압하는 공격 전략을 사용한 나치 독일이 있지.

인류는 오랫동안 마차와 말을 이동 수단으로 활용했어. 19세기 말부터 20세기 초에 걸쳐 자동차가 발명되어 세상에 나타나자 이동에 일대 변혁이 일어났지. 이전에는 말, 마차, 사람이 뒤섞여 지나던 도로를 점점 자동차가 차지하게 된 거야. 처음에는 반발이 심했어. 자동차라는 신기술을 선뜻 받아들이기가 쉽지 않았거든. 그동안 말과 마차에 의지한 경험의 역사와 이를 통해 이동한 거리가 엄청나게 길었으니 말이야.

하지만 변화는 예상보다 빨랐어. 뉴욕시 5번가를 1900년과 1913년에 각각 사진을 찍어 비교한 것이 있어. 1900년의 사진에서는 도로 위 많은 마차들 사이에서 자동차를 한 대 정도 겨우 찾아 볼 수 있는데, 13년 후에 같은 거리를 찍은 사진에서는 여러 대의 자동차 속에서 마차를 겨우 한 대 볼 수 있지. 새로운 발명품이 가져다주는 편리함에 금세 익숙해진 거야.

▶▶▶ 1900년과 1913년의 도로 풍경 (출처: US National Archives, George Grantham Bain Collection)

# 더 멀리, 더 빨리, 더 편하게!

어릴 적 가장 좋아했던 이동 수단이 뭐였는지 기억하니? 장난감 말이나 세 발 자전거가 아니었을까 싶은데, 뭔가를 타는 것은 이 처럼 처음부터 우리에게 아주 친근하게 다가왔어. 그리고 현재도 매일 탈것을 이용하고 있지.

그동안 주위에서 접하거나 경험해 본 이동 수단은 뭐가 있는지 한번 생각해 볼래? 자전거, 킥보드, 오토바이, 자동차, 지하철, 기차, 배, 비행기 등이 떠오르지? 누군가는 잠수함을 떠올리기도 할 거야. 이동하는 데 도움을 주는 장치를 모두 이동 수단이라고 본 다면, 아파트나 백화점, 지하철역, 건물에서 이용하는 에스컬레이터와 엘리베이터도 이동 수단이라고 볼 수 있어. 관광지에서 타 본 곤돌라나 케이블카도 이동 수단이라 할 수 있지.

일반적으로 사람이 보통의 속도로 쉬지 않고 한 시간 동안 걸 으면 4킬로미터(1킬로미터는 1000미터야)를 이동할 수 있어. 학교까지 걸어서 15분 정도가 걸린다면 1000미터 이내에 살고 있다고 할 수 있지. 하지만 학교가 걸어 다닐 정도로 가깝지 않은 경우에는 이동 수단의 도움이 필요할 거야. 이동 수단은 스쿨버스나 자동차처럼 자체 동력이 있는 것이 대부분이지만, 자전거나 수동 킥보드처럼 타고 있는 사람이 일해서(몸을 움직여서) 동력을 공급해야 하는 것도 많아. 만약 하루라도 이동 수단 없이 학교를 오가야 한다면 어떨까? 생각만 해도 벌써 힘들지 않니?

학교나 직장처럼 자주 오가는 곳뿐만 아니라 즐거운 시간을 보내기 위해 여행을 떠날 때도 이동 수단이 필요해. 세계에서 가장 붐비는 항공 노선 중의 하나가 바로 김포공항과 제주공항 사이야. 현재 세계를 날아다니고 있는 비행기를 실시간으로 추적해 볼 수 있는 웹사이트(Plane Finder, Flightradar24)가 있는데, 얼마나 많은 비행기가 제주와 김포 사이를 오가는지 확인해 보면 재미있을 거야. 그만큼 바다와 산이 보이는 멋진 장소에서 행복한 시간을 보낼 때도 이동 수단은 많은 사람들에게 큰 이로움을 주는 중요한 것이 되었어.

장소를 이동할 때 사용한 도구나 장치들 중에 어떤 것들이 있는지 돌아보면, 나는 두 발에 힘이 생겨나기 시작하면서 보행기를 움직였고, 장난감 말도 탔었어. 그리고 전기로 움직이는 조그마한 전동차도 있었고. 아주 어릴 적엔 세 발 자전거도 탔고, 좀 더 자라서는 자전거를 탔지. 보조 바퀴를 떼어서 어른들처럼 두 발로 된 자전거를 타는 데 처음 성공했던 감격의 순간을 지금도 잊을 수가 없어. 좀 더 커서는 튼튼한 부츠 바닥면에 붙은 바퀴를 굴리는 블레이드를 타고서 동네 이곳저곳을 누볐던 기억이 나.

이처럼 사람들은 살아가면서 여러 가지 다양한 이동 수단을 활용해. 사람이 직접 움직여서 필요한 동력을 전달하는 자전거, 수동 킥보드, 노를 젓는 배도 있고, 스스로 동력을 내거나 다른 것으로부터 동력을 얻어서 움직이는 이동 수단도 있지. 돛단배처럼 바람을 이용하는 방법도 있고 말이야.

말이나 소 같은 가축의 힘을 이용하기도 해. 사람이나 동물, 자연에 의한 것이 아닌, 동력을 내는 기계 장치의 대표적인 것에는 엔진과 전기 모터가 있어. 이동 수단 동력, 즉 에너지를 전달하는 장치로 더 멀리, 더 빨리, 더 편하게 움직이려는 인간의 바람은 기술의 발전을 가져왔어.

## 발전하고 있는 이동하는 기술

최근엔 도로와 이동 수단을 연결해 주는 스마트폰 앱(앱은 어플리케이션(application)의 줄임말) 같은 새로운 기술들이 이동을 편리하게 돕고 있어.

만약에 어떠한 목적지에 가야 한다면 너는 어떤 이동 수단을 이용하겠니? 어떤 점을 가장 우선으로 생각해서 교통편을 결정할 거야? 아마도 사람마다 선택 기준이 다를 거야. 어떤 친구는 가장 쉽게 사용할 수 있는 것, 또 어떤 친구는 가장 빠른 것, 또 어떤 친구는 가장 편한 것, 또 어떤 친구는 가장 안전한 것, 또 어떤 친구는 가장 돈이 적게 드는 것… 등, 자신이 가장 중요하게 여기거나 처한 상황에 따라 다르게 선택하겠지.

일반적으로 자동차는 고속도로에서 시속 110킬로미터 또는 100킬로미터 이하의 속도로 다니도록 하는 규정이 있어. 규정 속도로 계속 달릴 수 있다면 정말 좋겠지만, 차가 많아져서 길이 막히거나, 사고가 나거나 공사 중이라 도로가 좁아지는 문제가 생기면 원하는 속도보다 천천히 달릴 수밖에 없잖아. 이처럼 이동은 어떤 이동 수단을 이용하는지에 대해서만이 아니라, 공간적인 조건에도 크게 영향을 받아.

우리나라의 경우 도로 정비가 잘 되어 있어서 도로 사정이 예전에 비해 좋아졌어. 자동차로 서울에서 동해 바다를 볼 수 있는 강릉까지 영동고속도로를 이용했을 때 차가 막히지 않으면 시간당 100킬로미터 이하의 제한 속도로 2시간 30분이면 도착할 수 있지. 그런데 지금처럼 고속도로가 터널로 시원하게 뚫리기 전에는 강릉에 가려면 대관령이라는 산 고개를 꼬불꼬불 타고 오르는 도로(지금은 456번 지방도로로 바뀐 옛 영동고속도로)를 지나야 했어. 3시간 30분이 넘게 걸렸고, 만약 눈이라도 오면 얼마나 더 걸릴지 종잡을 수가 없었지. 이처럼 도로 사정이 좋아지니까 자동차로 목적지에 더 빠르게 도착할 수 있게 되었어.

강릉까지 이동하는 데 고속철도(통상 시속 200킬로미터 이상으로 달리는 열차를 운행하는 철도)를 이용하면 어떨까? 서울역에서 강릉역까지 2시간 정도 걸려. 자동차로 이동할 땐 도로 사정에 따라 도착 시간이 바뀔 수 있지만, 기차는 출발만 제시간에 한다면 특별한 일이 없는 한 도착 시간을 지키지.

서울에서 강릉으로 가는 또 다른 방법은 비행기를 이용하는 거야. 서울에서 가까운 김포 국제공항과 강릉에서 가까운 양양 국제공항 사이에 비행기 노선이 있는데, 비행 시간만 55분 정도가 걸려.

이처럼 동일한 장소를 가더라도 다양한 이동 수단을 활용할 수 있고, 각 수단마다 장점과 단점이 있어. 그런데 이러한 정보들은 어떻게 알 수 있을까? 예전엔 책 또는 지도를 참조하거나, 알 만한 사람들에게 알음알음 물어서 정보를 수집할 수밖에 없었어. 또한 그 정보가 확실한 최신 정보인지 아닌지 확인할 방법도 없어서 직접 겪어 보는 수밖에 없었지.

그런데 지금 우리에게는 정말 똑똑(스마트)한 스마트폰이 있어.

덕분에 많은 정보를 이전보다 훨씬 쉽고 빠르게 얻을 수 있게 되었지. 스마트폰에 설치된 지도 앱을 이용하면 원하는 목적지까지 갈 수 있는 다양한 방법을 금방 찾아낼 수 있어. 모두 정보통신 기술(ICT, Information and Communication Technology)의 발전 덕분이야. 스마트폰을 이용하면 이동에 필요한 다양한 정보를 빠르게 얻을 수 있어. 스마트폰으로 지금 내 위치에서 가장 가까운 거리에 있는 공유 자전거와 킥보드의 위치를 찾을 수도 있고, 집 근처 버스 정류장에 학교로 가는 버스가 언제 도착하는지도 확인할 수 있지. 덕분에 추운 겨울에 정류장에서 오지 않는 버스를 하염없이 기다리면서 발을 동동 구를 필요가 없어졌어. 또한 택시를 타기 위해 큰 도로까지 걸어 나갈 필요 없이 집에서 호출해서 때맞춰 나가면 되니까 정말 편해. 스마트폰을 이용해서 버스가 지금 어디쯤에 있는지, 요청한 택시가 언제 집 앞에 도착하는지 거의 실시간으로 알 수 있으니까 시간을 절약할 수도 있고. 이런 변화 역시 모두 다 정보통신 기술이 발전해서야.

혹시 길가에 놓여 있는 주인 없는 킥보드를 본 적 있니? 이런 것을 '공유 킥보드'라고 해. 공유는 두 사람 이상이 한 물건을 공동으로 소유한다는 뜻이야. 즉, 필요할 때마다 빌려 쓸 수 있다는 거야. 공유 킥보드는 소유하고 운영하는 회사가 따로 있어서 사용자는 필요할 때마다 분 단위로 잠시 빌리는 형식이야.

예전부터 렌트카라고 불리는, 자동차를 빌릴 수 있는 서비스가 있었지만 공유 서비스와는 조금 의미가 달라. 둘의 가장 다른 중요한 차이는, 빌리는 절차가 매우 간단하다는 거야. 스마트폰에 관련 앱을 설치하고, 빌리려는 킥보드에 붙어 있는 고유한 QR코드를 스마트폰으로 사진 찍듯 촬영하면 킥보드를 사용할 수 있는 상태가 돼. 그리고 사용한 시간에 따라 일정한 금액을 역시 스마트폰을 통해 킥보드 운영 회사에 지불하게 되지. 공유 자전거도 시스템은 마찬가지야.

공유 자전거와 공유 킥보드와 같이 짧은 거리를 오가는 1인용 이동 수단은 마스(MaaS)에서 중요한 위치를 차지해. 마스는 Mobility as a Service의 앞 글자를 따서 만든 조어로 '서비스로서의 이동 수단'이라는 뜻이야. 즉, 모빌리티를 서비스로 이해한다는 거지. 마스는 모든 이동 수단을 서비스로 제공받아서 한 지점에서 다른 지점까지 손쉽게 이동한다는 데 의미가 있어.

결국에는 이동할 때 환승한다든지, 정류장 또는 지하철역까지 간다든지 하는 출발지에서 목적지까지 어떻게 가장 효과적으로 갈 수 있는지에 대한 정보를 서비스 받는다는 의미도 포함되지. 기차, 버스, 공유 자동차나 공유 자전거 등 교통 수단을 이용하기

▶▶▶ 마스 한눈에 보기

위해 각각의 웹사이트나 앱을 사용해 예약 및 결제를 하지 않아
도 되고, 이동 경로나 탑승 장소를 일일이 파악하지 않아도 돼. 마
스는 이러한 모든 것을 원스톱으로 해결하는 서비스거든.

예를 들어 스마트폰 앱에서 지금 있는 '내 위치'를 설정하고 목
적지를 입력하면, 한 번의 결제로 공유 자전거도 타고, 공유 킥보

드도 타고, 지하철이나, 택시, 그리고 버스, 기차 등을 활용해 목적지까지 편리하게 도착한다는 개념이지. 이전에 비해서 이동 수단이 크게 달라진 것이 없는데도 사용자가 느끼는 경험은 훨씬 편리해졌어.

　자전거, 킥보드와 같은 공유 이동 수단 장치가 어디에 있는지 위치를 알려 주는 것도 참 신기하지 않니? 그 모든 정보는 우주에 떠 있는 위성을 이용해서 아는 것이 가능해졌어. 자동차에 달려 있는 내비게이션이 지금 현재 나와 다른 차의 위치를 알려 주는 것도 모두 우주 공간에 떠 있는 인공위성의 도움이 있어서야. 조금 자세히 이야기하면 GPS(Global Positioning System)를 가능하게 하는 여러 개의 인공위성들이 지구에 있는 물체의 위치를 알 수 있도록 해 주는 거지.

　우리가 길을 걷거나 자전거를 탈 때 내가 어디까지 왔는지 스스로 어떻게 확인할 수 있니? 원래 아는 길이라면 주위에 어떤 건물이 있는지 둘러보고 추측해서 알 수 있을 거야. 그런데 만약 모르는 길이라면? 그땐 스마트폰의 지도 앱을 이용하면 내 위치가 어딘지 알 수 있어. GPS는 우주에 떠 있는 위성 위치를 기준으로 지구의 어느 위치에 GPS 센서를 가진 물체가 있는지를 알게 해 주거든. (인공위성은 맡은 역할에 따라 여러 가지 종류가 있는데, GPS 신호를 보내는 위성을 항법인공위성이라고 불러.) 스마트폰 내부에는 GPS 신호를 받는 센서가 들어 있어서, 지금 내 위치를 알 수 있는 거야.

지금 바로, 스마트폰의 지도 앱을 열어서 내가 어디 있는지 한 번 확인해 봐! 이동하면서 실시간으로 확인하면 더 재미있을 거야.

2장

탈 것의 변천사

# 일하는 장치, 증기 엔진의 탄생

이동하는 가장 쉬운 방법은 두 발로 움직이는 거야. 그런데 인간이 걷거나 뛰는 속력엔 한계가 있고, 하루에 이동할 수 있는 거리도 그리 멀지 않아. 여덟 시간을 쉬지 않고 걸어도 약 30킬로미터를 조금 넘게 이동할 뿐이지. 그 거리가 어느 정도인지 지도에서 찾아보면, 직선으로 서울 시청에서 수원 중심까지에 해당돼.

옛날이야기를 읽다 보면 지방에 사는 선비가 한양(옛날 서울 이름)에서 열리는 과거 시험을 보기 위해 몇날며칠을 걸어갔다고 하잖아. 우리 선조들은 어떻게 그렇게 먼 길을 걸어서 갔을까, 대단하지? 금전적인 여유가 있어서 때로는 말을 탔으면 조금 수월

했겠지만, 그래도 쉬운 길은 아니었을 거야. 과거엔 지금처럼 잘 정비된 도로도 없었을 거고, 자동차처럼 빠르게 움직이는 이동 수단도 발명되기 이전이니까 과거 시험처럼 정말 간절하게 이동이 필요한 경우를 제외하고는 대부분 자신이 살고 있는 지역을 벗어나기가 힘들었을 거야.

옛날엔 이동 수단이란 게 걷는 것 말고는 말이나 소 같은 동물을 이용하는 방법밖에 없었어. 말의 속도는 당연히 사람보다 빨랐지만, 한참 달리다 보면 말도 지칠 수밖에 없지. 더 먼 곳으로 이동하기 위해서는 쉼 없이 달릴 수 있는 기계, 이전엔 없었던 '일하는 장치'가 필요해진 거야.

일하는 장치의 발명은 광산 산업이 번성한 17세기 잉글랜드(우리가 아는 영국은 잉글랜드, 스코틀랜드, 웨일스, 북아일랜드로 이뤄져 있어)에서 이뤄졌어. 흡수한 열의 일부분을 필요한 일로 전달하는 장치가 바로 일하는 장치, 엔진이란다.

그렇다면 인류 역사상 첫 엔진은 어떻게 세상에 나오게 됐을까? 엔진을 발명한 가장 중요한 아이디어는 수증기와 관련 있어. 냄비에 물을 끓일 때 냄비 바닥에서 뽀글뽀글 발생하는 기포를 본 적 있지? 그게 바로 수증기야. 액체인 물이 기체가 된 수증기를 이용하는 게 증기 엔진의 원리지.

다음의 실험을 한 번 머릿속으로 진행해 볼까? 여기 금속으로 만든 상자가 있어. 그리고 상자 내부는 뜨거운 수증기로 가득 차 있지. 이때 갑자기 상자 바깥쪽에 차가운 물을 끼얹으면 어떻게 될까? 상자 내부의 뜨거운 수증기가 갑자기 식으면서 액체인 물로 변하겠지. 마치 뜨거운 여름날에 냉장고에서 얼음을 꺼내 컵에 따르고 탄산수를 부었을 때 음료수 컵 외부에 있던 수증기가 액체로 응결되는 현상을 볼 수 있는 것처럼 말이야. 수증기가 액체로 변하면, 수증기가 원래 차지하고 있던 상자 내 부피가 줄어들면서 압력이 낮아져. 상자 내부 압력은 외부 공기 압력보다 낮으니까 상자 안쪽과 바깥쪽 힘의 차이로 상자가 찌그러지게 돼. 이 원리를 활용한 것이 바로 증기 엔진이야.

집에서도 간단한 실험을 해 볼 수 있어. 플라스틱 음료수 병을 준비해서 뜨거운 물을 담았다가 물을 빼고 마개를 닫아봐. (이때 뜨거운 물을 조심해야 돼. 화상을 입을 수도 있으니까 말이야.) 플라스틱 병에는 뜨거운 물에 의해 덥혀진 공기가 가득 차 있을 거야. 그런 다음 플라스틱 병 외부에 찬물을 끼얹어 봐. 그럼 플라스틱 병이 갑자기 쭈그러들 거야. 이유는 병을 채우고 있던 뜨거운 공기가 식으면서 차지하는 부피가 감소되어 외부 압력이 바깥 공기 압력보다 낮아졌기 때문이지. 이 원리를 활용한 도구가 원통인 실린

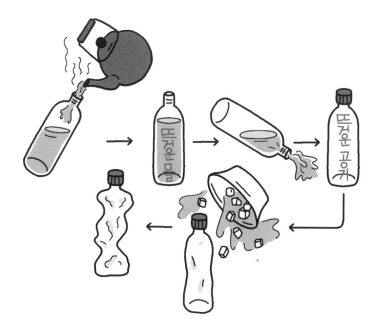

▶▶▶ 증기 엔진의 원리

더 안에서 피스톤이 왔다 갔다 움직이는 장치란다. 바로 이것이
증기 엔진이 일하는 방식이야.

　인류 최초의 증기 엔진은 광산업자들에게 철 공구를 판매하는
철물점 상인이었던 토마스 뉴커먼(Thomas Newcomen)이 자신의
조수 존 캘리(John Cally)와 함께 만들었어. 실린더와 피스톤으로
움직이는 증기 엔진을 세계 최초로 발명하고 제작한 사람은 우
리가 흔히 아는 제임스 와트가 아니라 뉴커먼이란 사람이야. 뉴

커먼이 발명한 증기 엔진은 제임스 와트 증기 엔진의 선배격이라 할 수 있지.

뉴커먼이 캘리의 도움을 받아 만든 세계 최초로 작동하는 실린더+피스톤 증기 엔진은 1712년 영국 웨스트미들랜드주 더들리 근처 코니그리 탄광에 설치되었는데, 뉴커먼 엔진은 실린더와 피스톤을 이용한 세계 최초의 엔진으로 기록되고 있어. 뉴커먼 증기 엔진 실린더의 크기는 지름이 약 0.56미터, 길이는 사람의 키보다 큰 약 2.4미터였지.

뉴커먼의 엔진은 24시간 일주일 내내 밤이고 낮이고 쉼 없이 작동할 정도로 내구성이 좋았어. 내구성이란 원래의 상태에서 오래 견디는 성질을 말하는데, 고장 나지 않고 같은 일을 반복할 수 있다는 것을 의미해. 이 엔진이 전달하는 동력의 크기는 말 5.5마리를 대체할 수 있었어. 같은 크기의 일을 하기 위해 마구간을 짓고, 말에게 여물을 주는 등에 들어가는 비용보다 저렴했지.

그럼 뉴커먼이 발명한 엔진이 바로 자동차에 사용됐냐고? 아니, 그렇지는 않아. 그 엔진은 주로 탄광 바닥에 고인 물을 빼는 배수 작업에 사용되었어. 그 이유는 열을 일로 바꾸는 효율이 너무 낮아서, 타면서(연소하면서) 열을 방출하는 석탄을 가장 싸게 구할 수 있는 탄광에서 사용하기에 경제적이었기 때문이지.

뉴커먼 엔진에 적용된 아이디어는 두 가지였어. 첫 번째는 수증기가 응축할 때 압력 차이가 발생하는 것이고, 두 번째는 압력차에 의한 힘으로 피스톤을 이동시켜서 일을 전달하는 것이었어. 뉴커먼은 이 두 가지 아이디어를 더해서 현대적인 엔진과 같은 기능을 갖춘 최초의 엔진을 발명했지.

그런데 한 가지 아쉬운 점은 당시에 뉴커먼과 캘리는 자신들이 만든 엔진이 작동하는 원리를 이론을 바탕으로 명확하게 설명할 순 없었다는 거야. 당시에 앞선 개발자들에 의해 알려진 두 가지 원리를 성공적으로 결합해서 경험과 착오를 거치며 장치가 움직이게는 만들었지만, 왜 엔진이 이렇게 움직이는지를 시원하게 설명하진 못했어. 그래서 증기 엔진의 발명은 공학이 과학에 앞서 개발된 사례 중의 하나로 기록되고 있지. 이것은 이후에 과학자들이 증기 엔진과 관련된 열에너지 전환 원리를 밝히는 열역학을 학문으로 자리 잡게 만든 계기가 되었어. 참고로 열역학은 고등학교에 가면 배운단다.

원리 탐구와 계속된 기술 개발로 엔진 열효율이 급격하게 증가했어. 미국 미시간주에 있는 헨리 포드 박물관에는 현재 존재하는 가장 오래된 뉴커먼 엔진이 있지. 대략 1765년에 탄광에 설치되어 물을 퍼올리는 데 사용된 것으로 알려져 있는데, 크기는 높

이 6.8미터, 너비 9.3미터, 길이 9.9미터로 요즘의 자동차 엔진과
는 비교가 안 될 정도로 어마어마한 크기지.

뉴커먼의 대기 증기 엔진은 말이나 바람, 수력과 달리 온종일
쉬지 않고 일하는 새로운 동력 장치였어. 엔진은 사람이나 말이
내놓을 수 있는 동력 크기와 비교가 안 되게 큰 동력을 만들어 냈
지. 마침내 인류가 시간당 훨씬 많은 일을 할 수 있는 장치를 손에
쥐게 된 거야. 쉬지 않고 일하는 엔진은 생산할 수 있는 능력을 급
격히 키웠어. 증기 엔진은 혁명이라 부를 정도로 급격하게 변하
는 산업 발전의 시작을 알리는 발명이었지.

## 자동차의 심장인 엔진의 발명

우리에게 현재 가장 친근한 이동 수단은 자동차라 할 수 있어. 그
런데 자동차가 어떻게 움직이는지 궁금하지 않니? 움직일 수 있
는 일, 즉 차 바퀴를 돌리는 장치가 자동차 안에 들어 있는데, 그
게 바로 엔진이야. 혹시 자동차 엔진이 어떻게 생겼는지 궁금하
다면 주위 어른들께 자동차 엔진이 보고 싶다고 말씀드려 봐. 자
동차 후드를 열어서 내부에 있는 엔진을 보여 주실 거야. 인터넷
으로 검색해서 보는 방법도 있고 말이야.

우리가 지금 타는 자동차의 대부분은 엔진으로 움직여. 2022년 12월 기준으로 우리나라의 자동차 등록 대수는 2550만 대인데, 그중 98.4퍼센트인 2508만 대가 엔진으로 움직이고 있지.[*] 자동차 1000대가 있다면 그 중에서 16대를 제외한 모든 차가 엔진 차라는 거지. 즉, 절대다수의 자동차가 엔진으로 움직이고 있어.

앞서 말했지만, 뉴커먼이 처음 발명한 증기 엔진이 자동차 엔진으로 쓰이게 된 것은 아니야. 자동차 엔진은 석탄을 태우면서 나오는 열에너지를 외부에서 활용한 증기 엔진과 달라. 연료가 엔진 내부에서 타기 때문에 내연기관(internal combustion engine)이라고 부르지(이때 기관(機關)은 한자로 엔진을 의미한단다). 그렇다면 누가 자동차 엔진을 처음으로 발명했을까?

역사상 여러 발명가가 말을 대신해서 마차를 끌 수 있는 엔진을 만들기 위해 최선을 다했어. 그 중에서 주목할 인물은 휘발유 자동차 엔진의 작동 원리에 자신의 성(姓)을 붙이는 영광을 차지한 사람이야. 바로 니콜라우스 아우구스트 오토(Nicolaus August Otto)란 상인이자 발명가이지.

[*] e-나라지표 '자동차 등록 현황' 자료를 참고했어.

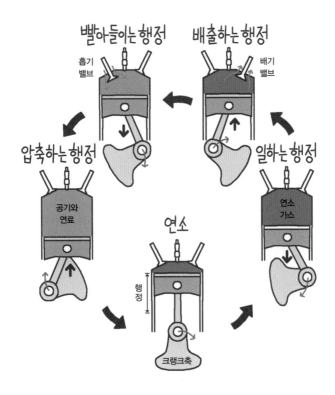

**빨아들이는 행정** **배출하는 행정**

흡기 밸브

배기 밸브

**압축하는 행정** **일하는 행정**

공기와 연료

연소 가스

연소

행정

크랭크축

▶▶▶ 4행정 사이클 엔진: 지금 시대의 자동차 휘발유 엔진은 네 가지 행정이 하나의 묶음
을 이루어 계속 반복한다.

사실, 엔진을 네 가지의 서로 다른 행정으로 구성하는 개념을

처음에 제안한 발명가가 누구인가에 대해서는 학자마다 의견이

서로 달라. 여기서 '행정'은 피스톤이 한 번 직선으로 움직인 거리

또는 움직이는 동안 발생한 현상을 의미해. 한 가지 분명한 사실

은 독일 프랑크푸르트 서쪽에 있는 작은 마을에서 여섯 형제의 막내로 태어난 오토가 4행정 사이클*로 실제 작동하는 엔진을 개발한 첫 번째 인물이라는 거야.

오토가 휘발유 엔진을 개발한 시대인 19세기 중반의 사회적인 분위기는 하루가 다르게 발전하는 과학 기술이 꽃을 피우던 시기로, 많은 청년이 과학 기술에 관심을 두었어. 당시는 기술 혁신으로 다양한 기계 장치들이 쏟아져 나오던 때로, 증기 엔진이 가진 단점인 덩치가 크고 낮은 효율을 대체할 엔진에 대한 개발 요구가 증가했던 시기이기도 하지. 오토는 뛰어난 엔진 설계 능력을 지닌 공학자 빌헬름 마이바흐(Wilhelm Maybach)의 도움을 받아 불과 6개월 만에 4행정 엔진 개발을 마칠 수 있었어. 개발한 4행정 엔진은 1분 동안 180번 회전하며, 말 세 마리가 할 수 있는 동력의 크기를 내고, 열효율이 17퍼센트로 증기 엔진보다 월등히 향상된 성능을 보였지.

오토는 머릿속에 이론으로만 머물렀던 것을 현실 세계로 끄집어 낸 업적을 이뤘어. 그 결과로 우리는 현재 도로 위를 달리고 있는 자동차에 탑재된 휘발유 엔진 작동의 근본 원리를 '오토 사이

---

★ 4행정 사이클 엔진은 흡입-압축-팽창-배기의 4행정을 하여 1사이클이 완료되는 형식이야.

클'이라 부르지. 오토의 4행정 엔진은 다임러와 벤츠와 같은 자동차 선구자들이 그들의 이동 수단을 개발하는 데 큰 영향을 미쳤고, 자동차에 없어서는 안 될 심장으로 자리매김하게 됐지.

## 자동차 엔진의 치명적인 단점

주유소 앞에는 큰 글씨로 네 자리 숫자가 적혀 있는 것을 발견할 수 있어. 바로 해당 주유소에서 파는 연료의 리터당 가격이 얼마인지 적혀 있는 거지. (리터는 부피의 단위야. 일반적으로 작은 생수병에 들어 있는 물 부피가 0.5리터야.)

주유소에서는 휘발유(gasoline), 경유(Diesel)를 주로 판매하고 있어. 이 두 가지 연료 외에도 택시에 주로 사용되는 액화석유가스(LPG)와 난방에 사용하는 등유(kerosene)를 판매하고 있지. 우리나라는 연료의 원료가 되는 원유를 외국에서 전부 수입하기 때문에 국제 정세 등에 따라 연료 가격이 수시로 변하고 있어.

과거를 되돌아보면 자동차 대표 연료인 휘발유 가격은 계속 변동을 거듭해 왔단다. 일반적으로 우리나라 국민은 평균 1년 동안 자동차로 1만 킬로미터를 운행하는데, 자동차 연비(연료 1리터를 태울 때 자동차가 이동하는 거리)가 높은 차량은 똑같은 양의 연료를 가지고 더 멀리 갈 수 있으니까 자동차를 고를 때 연비를 따져서 선택하는 것이 돈을 절약하는 방법이겠지? 특히 연료 가격이 오를 때일수록 에너지를 절약하는 자동차를 몰고 싶은 생각이 더욱 간절해지더라고.

연비만을 고려했을 때, 경유 자동차가 비슷한 크기의 휘발유 자동차보다 경제적인 면에서 유리해. 경유차가 더 높은 압력에서 연료를 태우기 때문에 더 좋은 열효율을 갖거든. 예전에는 경유가 트럭이나 버스처럼 큰 짐이나 많은 사람을 태우고 다니는 상업용 차량으로 주로 사용되었는데, 연비에 관심이 높아지면서 경유 자동차가 승용차로 사용되기 시작했어.

그리고 한때 경유 자동차는 시끄럽고 시커먼 연기를 내뿜는다는 인식이 있었는데, 한층 발전된 기술이 이런 문제점을 해결했단다. 사람들은 점차 연비가 좋고, 이전보다 조용하고, 매연이 없는 경유차를 '깨끗한 경유(클린 디젤)'라고 부르면서 경유로 움직이는 승용차를 받아들이기 시작했어. 특히 기름 한 방울 나지 않는 우리나라에서는 경유가 휘발유보다 싸서 연비가 뛰어난 경유차의 장점이 더욱 두드러졌지. 정부 또한 한때 경유차를 친환경차에 포함시키면서 주차료와 혼잡 통행료 감면 등의 각종 혜택을 주었어. 그 결과로 우리나라 전체 차량 중의 경유차 비율은

2011년 36퍼센트에서 2017년 말엔 43퍼센트까지 증가했었지. 즉 100대 중에서 거의 절반에 이르는 43대가 경유 차량이었어.

그런데 이런 분위기를 뒤집는 중대한 사건이 발생했지. 사건의 이름은 '디젤게이트(폭스바겐 배기가스 조작)'라고 부르는데, 그 시작은 2014년으로 거슬러 올라가. 미국 웨스트버지니아대학교 기계 및 항공우주공학과 교수인 그레고리 톰슨 박사를 포함한 5명의 연구팀은 비정부기구(NGO)인 국제청정교통위원회(ICCT, International Council on Clean Transportation)로부터 한 가지 의뢰를 받게 돼. 세 대의 서로 다른 경유차를 도로 운행하면서 나오는 독성 물질(질소산화물, 일산화탄소, 전체 미연탄화수소, 매연 입자, 이산화탄소) 배출량을 측정하는 연구 과제였지. 차량 A는 2012년식 폭스바겐 제타(VW Jetta), 차량 B는 차량 A와 같은 엔진을 장착한 2013년식 폭스바겐 파사트(VW Passat), 그리고 차량 C는 BMW X5였어. 차량 A와 차량 B는 엔진은 같지만, 서로 다른 배기가스 후처리 시스템을 장착한 차량이었지.

시험을 수행한 연구팀은 결과를 받아들고서 깜짝 놀랐어. 도로 주행 중에 측정한 질소산화물의 배출량이 법으로 규정하는 수치보다 차량 A와 차량 B에서 무려 각각 15~35배, 5~20배까지 초과하는 값이 나왔던 거야. 질소산화물은 공기를 오염시키기 때문에 각 나라에서는 자동차에서 나오는 양을 엄격하게 관리하는 공해 물질이야. 차량 A, B와 다르게 차량 C는 교외 오르막과 내리막길을 제외하고는 허용 값과 유사하거나 낮은 값을 보였어. 웨스트버지니아대학교 연구팀은 처음에는 자신들이 얻은 결과를 믿을 수 없었지만, 다시 시험해 봐도 같은 결과였지. 결국 자신들에게 연구를 의뢰한 ICCT에 결과를 알렸고, ICCT는 미국환경보호국(EPA, United States Environmental Protection Agency)에 이 사실을 알렸어.

미국환경보호국은 자체적으로 아주 세심하게 조사를 진행했어. 그리고 폭스바겐이 의도적으로 차량에 불법 장치를 장착해서 배기가스 인증 시험을 통과하도록 조작했다는 결론을 내렸지. 이 사건으로 인해 디젤차에 대한 소비자의 거부감이 증가했고, 우리나라를 포함한 세계 많은 정부가 디젤차 사용을 권장하는 정책에서 디젤차를 줄이는 방향으로 돌아서기 시작했어. 이전까지는 세계의 많은 정부가 연료를 적게 사용하는 경유차가 이산화탄소($CO_2$) 배출 저감에 도움이 된다고 믿었지만, 이 사건을 계기로 인식과 정책이 완전히 달라지게 되었지.

# 기후 변화, 친환경 탈 것이 필요해

갈수록 심각해지는 기후 변화와 환경에 대한 우려, 화석 에너지 사용의 한계에 대한 두려움은 오염 물질을 배출하지 않는 이동 수단으로 사람들의 관심을 돌렸어. 그 중심에 전기차가 있지. 전기차는 새로운 개념은 아니지만, 여러 가지 이유로 한때 사람들의 관심을 크게 받지 못했었단다.

그런데 지금은 사정이 달려졌지. 더 이상 기후 변화를 앉아서 바라볼 수만은 없을 정도로 상황이 전 지구적으로 심각해졌다는 것이 매해 현상으로 나타나고 있고, 에너지를 절약해야겠다는 의식도 점점 높아져 가고 있거든.

앞으로 현재 진행되고 있는 미래 모빌리티 수단에 관해서 알아볼 거야. 3장에서는 그 중 가장 대표주자인 전기차에 대해 알려줄게.

# 3장

대세가 된
전기차

## 친환경 전기차의 시작

'교통'이나 '이동'이라 불렀던 것을 최근엔 '모빌리티'라는 단어로 바꿔서 사용하게 된 건 왜일까? 거기에는 다양한 이유가 있는데, 그중에서 가장 빼놓을 수 없는 것은 엔진이 오랫동안 차지하던 자리를 전기 모터와 배터리가 대신하기 시작했다는 점이야. 전동화(electrification)라는 변화가 생겨난 거지. 전동화는 움직이는 데 필요한 동력을 전기에너지로부터 얻는다는 뜻이야.

전기차라는 말을 주위에서 한 번쯤은 들어 봤을 거라고 생각해. 관심이 많은 친구들은 주위에서 어떤 차가 전기차인지 유심히 관찰했을 수도 있고 말이야. 아직은 평소에 타고 다니는 자동차의 대부분이 전기에너지로 움직이는 것은 아닐 가능성이 매우 커. 하지만 새 차를 구입하는 사람들의 경우엔 전기차를 구입하기로 선택하는 경우가 늘고 있는 것도 사실이야.

그런데 주유소에서 쉽게 사서 쓸 수 있는 휘발유나 경유와 같은 연료를 사용하지 않고, '갑자기 왜 전기에너지를 사용하려는 걸까?' 하는 의문이 들 거야. 사실, 전기로 움직이는 자동차가 십대에게는 매우 익숙할지도 몰라. 어렸을 때 놀이공원에서 탔던 꼬마 자동차는 대부분 전기로 움직였으니까. 집 안 거실에서 조그만 차를 타고 놀았던 친구들도 있을 텐데, 그것도 전기로 움직이는 차였지. 물론 운전이 서툴러서 이리저리 부딪히기는 했겠지만 좋은 기억일 거야. 그것 말고도 어릴 때 꼬마 전동차나 작은 레이스 트랙을 달리는 미니카를 갖고 놀길 좋아했던 기억을 떠올리면 충전식 전기차가 그리 낯설지는 않을 거야.

그렇다면 도로 위를 다니는 휘발유를 사용하는 자동차는 왜 집 안에서 탈 수 없었을까? 생각해 봐. 만약 사방이 벽과 창문으로 둘러싸인 집 안에서 연료를 태우는 자동차를 운전했다면 발생하는 기체(배기가스)가 공간을 가득 채웠을 거야. 실제로 해 보지 않아도 충분히 예상되는 상황이지. 그 이유는 연료를 태우는 자동차, 즉 내연기관 자동차는 이산화탄소를 배출하기 때문이야. 그리고 건강과 환경에 좋지 않은 여러 가지 독성 기체(디젤게이트에서 등장한 질소산화물 같은 공기 오염 물질을 말해)를 배출하겠지. 이것이 엔진 자동차와 움직일 때 아무것도 배출하지 않는 전기 자동차의 가장 큰 차이점이야.

우리가 일상에서 타는 자동차가 점점 전동화되는 것도 같은 이유야. 그동안 편리하게 이용해 온 내연기관 자동차는 연료를 태우기 때문에 어쩔 수 없이 이산화탄소를 배출해. 그런데 이산화탄소는 기후 변화를 일으키는 온실가스 중의 하나잖아. 이동 수단으로서의 역할을 하면서 온실가스를 배출하지 않으려면 전기로 움직이는 자동차로 교체하는 것이 필요해졌어.

하지만 여기서 한 가지 알아두어야 할 것은, 전기 자동차가 움직일 때는 환경에 나쁜 기체가 나오지 않지만, 동력에 필요한 전기에너지를 얻으려면 온실가스를 전혀 배출하지 않을 수 없다는 사실이야. 지금 우리가 살펴보는 내용은 모빌리티에 관한 것이니까, 에너지에 관해서 더 알아보고 싶다면《미래 에너지 쫌 아는 10대》를 읽어 보기를 추천할게.

매연을 뿜지 않는 것 이외에도 전기 자동차는 내연기관 자동차와 다른 점들이 또 있어. 전기차는 엔진차와 달리 조용해. 엔진차는 시동만 걸어도, 즉 아직 움직이지 않았을 때도 엔진이 회전하

기 때문에 소음이 나거든. 그런데 전기차는 움직일 때도 거의 소음이 나지 않아. 나에겐 아주 오래 전의 일인데도 잊을 수 없는 경험이 하나 있어. 주차장에서 걸어가는데 뒤편에서 엔진차와는 전혀 다른 소리를 내는 전기차가 스르륵 나타나서 정말 놀랐던 게 지금도 생생하게 기억나. 전기차는 엔진 혹은 배기음 자체가 없기 때문에 보행자의 안전을 위해서 차가 움직이고 있다는 것을 주위에 알리려고 일부러 소리를 만들어 냈지. 그리고 고속으로

달릴 때도 엔진 차와는 전혀 다른 소리가 나. 아마 리모트컨트롤 (RC) 카를 가지고 놀아 본 경험이 있다면 조금은 예상할 수 있을 텐데, 그 소리보다는 좀 더 높고 특유의 빠르게 돌아가는 날카로운 소음이 나지.

## 여러 가지 종류의 전기차

HEV, PHEV, BEV, FCEV… 이게 다 뭔가 싶지? 이 영어 단어들은 공통점을 가지고 있어. 여러 개의 영어 단어의 첫 글자를 딴 단어라는 것, 그리고 모두 전기차를 의미한다는 거야.

혹시 '하이브리드 차'라는 말 들어 봤니? 자동차 트렁크쪽 표면에 하이브리드(hybrid)라는 영단어가 붙어 있는 것을 본 적이 있는지 모르겠다. 하이브리드 차 역시 전기차라고 볼 수 있어. 하이브리드의 원래 뜻은 '서로 다른 성질이 합쳐진 것'이야.

하이브리드 전기차는 바퀴를 굴리기 위해서 엔진과 전기 모터를 둘 다 사용해. 많은 연구 개발자들이 어떻게 하면 전기 모터가 가진 장점과 엔진이 가진 장점을 모두 사용할 수 있을까 고민을 거듭하다가 찾아낸 방법이지. 어떤 면에서는 엔진과 전기 모터를 둘 다 사용하는 것이 오히려 차의 구성이 너무 복잡해져서 이득보다 손해가 더 클 수도 있어. 너무 복잡한 기계 장치는 편리성만큼이나 고장 날 가능성이 커지거든. 하이브리드 차 중에는 외부에서 플러그를 꽂아서 차 내부에 있는 전기 배터리를 충전할 수 있는 것이 있는데, 이런 하이브리드 차는 플러그를 꽂는다는 뜻인 '플러그인(plug-in) 하이브리드' 차로 또 따로 구분해.

처음에 그런 차를 접했을 땐 정말 놀랐었어. 너무나도 생소한 소음을 내면서 주차장에서 슬그머니 다가온 그 자동차가 하이브리드 차라는 것을 나중에야 알았지. 하이브리드 차는 천천히 달릴 때는 배터리와 전기 모터 조합을 사용하고, 빠른 속력을 내야 할 때나 언덕을 올라가야 할 때처럼 한 번에 많은 에너지가 필요할 때는 엔진을 사용해.

자동차는 정말 다양한 길을 달리잖아. 고속도로에서는 시속 110킬로미터로 달리고, 주차장에서는 시속 10킬로미터 이하로 서서히 움직이고, 언덕길을 오르고, 내리막길을 계속 가거나, 잘 포장된 아스팔트를 달리거나, 때로는 자갈길을 달리는 등 자동차는 정말 수많은 조건에 놓이지. 천차만별인 조건에서 어떻게 전기 모터와 엔진을 적절하게 조합할지 결정하는 것이 좋은 하이브리드 차를 만드는 데 가장 고민해야 할 사항이야.

엔진이 없는 전기차는 배터리 전기차와 연료전지 전기차가 있어. 연료전지 전기차는 다음 장에서 살펴보기로 하고, 이번 장에서는 배터리 전기차에 대해서 먼저 알아볼 거야.

# 비운의 전기차, EV1

세계 최초의 대량 생산 전기차는 미국의 자동차회사 제너럴모터스(GM)사에서 만든 EV1이야. 현재 유명한 전기차 회사인 테슬라가 최초로 만든 줄 알았다고 말하는 친구들도 있을 테지. 둘 다 미국 회사이긴 해.

EV1은 말 그대로 1번 전기차(Electric Vehicle 1)를 의미해. 대량 생산이니까 기술이나 디자인 등을 살펴보기 위해 한두 대 정도만 만든 것은 아니야(이런 목적으로 만드는 차는 프로토 타입 차라고 해). GM은 1996년부터 만들기 시작해서 총 1117대를 생산했어. 사람들은 GM이 만든 전기차 EV1을 보고 모두 온실가스와 석유 사용을 줄일 수 있는 혁신적인 제품이라 여겼지. 1000대가 약간 넘는 대수를 생산한 것이니까 대량 생산한 것치고는 절대 많다고 볼 수 없어. 그럼 왜 GM은 소량만 만들었을까?

GM의 속마음은 EV1으로 기술을 뽐내고 시대를 앞서는 혁신적인 제품을 소비자에게 보여 주려 한 것이 아니었어. 캘리포니

아주는 미국의 어느 다른 주보다 대기환경 오염에 각별히 신경을 쓰는 곳이거든. 1990년에 캘리포니아주는 1998년까지 자신들의 주에서 자동차를 판매하는 자동차 회사들은 배기가스를 전혀 배출하지 않는 무공해 자동차를 일정 대수 이상 판매해야 한다는 법을 만들었어. 자동차 회사들이 캘리포니아주에서 계속 자동차를 판매하려면 전기차와 같이 운행 중에 배기가스를 배출하지 않는 차를 만들어야 했던 거지. 그래서 당시 적용할 수 있는 모든 기술을 활용해 EV1을 제작한 거야. EV1은 그러니까 시대적 요구에 따라서 어쩔 수 없이 탄생한 거지.

엔진 자동차가 여전히 전성기를 누리던 당시에 EV1은 정말 혁신적인 제품이었어. 현재와 같이 진보된 배터리 기술이 없었거든. 그래서 지금의 전기차와 달리, 무거운 납축전지(lead-acid battery)를 사용할 수밖에 없었어. 납축전지는 납과 황산을 전극과 전해질로 사용하는 전지로서, 시동을 걸 때 사용되기 때문에 여전히 엔진 자동차에도 들어 있단다. 납은 무거워서 추로 쓰이곤 하는데, 납축전지를 직접 들어보면 부피에 비해 생각보다 너무 무거워서 놀라곤 하지.

이렇게 무거운 납축전지(12V(볼트)) 26개를 직렬로 연결해서 312V를 만들었어. EV1을 개발할 당시에는 지금과 같은 배터리

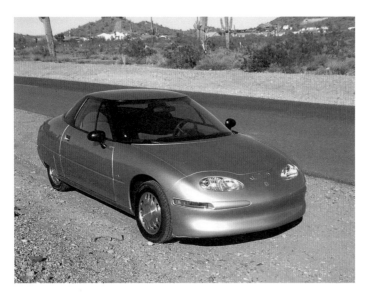

▶▶▶ GM이 생산한 세계 최초의 대량 생산 전기차 EV1. (출처: 위키피디아)

기술이 없었기 때문에 납축전지가 차량 무게의 87퍼센트를 차지할 정도로 무게가 엄청났지. 무거운 납축전지를 실을 수밖에 없어서 차 골격의 무게를 줄여야 했어. 그래서 가볍게 만드는 것이 무엇보다 중요한 비행기에나 적용하는 알루미늄을 차에 적극적으로 활용했단다. 무게를 줄이기 위해 일반 차에 쓰이는 철판이 아닌 복합재와 같은 값비싼 고성능 재료를 많이 사용했기 때문에 차 한 대를 만드는 가격이 매우 비쌌을 거라 생각돼.

EV1은 당시로는 정말 남다르게 도드라지는 모습을 가졌어. 매끄럽게 빠진 디자인은 지금 봐도 마치 미래에서 온 듯한 모양이지. 자동차가 달릴 때 받는 공기 저항을 최대한 줄이려고 차 앞부분을 매우 날렵하고 매끈한 곡선으로 만들었거든. EV1은 특히 환경보호를 주장하는 사람들에게 사랑을 듬뿍 받았지.

2003년 말, GM은 갑자기 충격적인 발표를 해. EV1 빌려주는 것을 중단하고 더는 전기차 영업을 하지 않겠다고 말이야. 그동안 GM은 고객들에게 EV1을 빌려주었지, 판매한 것은 아니었거든. 그러니까 전기차의 실제 주인은 여전히 GM이었어.

GM은 고객들에게 빌려준 전기차를 강제로 돌려받기 시작했는데, 이때 크고 작은 마찰이 있었다고 해. 전기차를 만들게 된 이유가 바로 기후 변화로 인한 것이었기에 환경운동가들의 항의가 거셌지. 많은 사람이 GM에 직접 돈을 보내며 차를 사겠다고 말했고, 어떤 환경운동가는 항의하는 뜻으로 EV1을 떠나보내는 모의 장례식을 치르기도 했어. GM은 이러한 반대에도 아랑곳하지 않았지. 박물관으로 보낼 몇 대를 제외하고는 다시 돌려받은 모든 EV1을 폐차해 버렸어.

왜 GM은 전기차 프로그램을 중단하고 만족해하던 사람들에게서 회수해 폐차해 버렸을까? 그 이유가 뭘까? GM은 겉으로는 EV1을 생산하고 유지하는 데 돈이 너무 많이 들고, 전기차 시장도 작아서 계속 전기차 대여와 운영을 할 수 없다고 말했어. 하지만 사람들이 추측하는 실제 이유는 조금 달랐대. 전기차보다 훨씬 많은 숫자의 내연기관차를 생산하면서 GM 스스로 "전기차가 배기가스도 배출하지 않으며 더 낫다"고 메시지를 주는 게 앞뒤가 맞지 않고 적절하지 않다고 생각했던 거지. 또한 GM은 그때까지만 해도 전기차가 미래에 자신들에게 이익을 가져다줄 거라고 예상하지 못했었어. 시간이 한참 지나고 나서야 GM은 깨달았지. 만약 당시에 미래가 어떻게 바뀔지 조금만 더 신중하게 생각했다면, EV1의 존재를 그렇게 마치 없던 일처럼 만들지는 않았을 거야. 계속 전기차를 만들고 관련 기술을 개발했더라면 테슬라의 전기차를 앞서지 않았을까 하고 상상해 보게 되네.

## 놀라운 발명품, 배터리 이야기

전기차를 움직이는 기본 장치는 장난감 자동차나 실제 자동차나 똑같아. 모터와 배터리가 있어야 이동이 가능하지. 모터와 배터리 사이는 전선으로 연결되고, 전선에는 전류가 흘러. 인버터(Inverter)라는 장치가 모터와 배터리 사이에서 흐르는 전류의 양과 모양을 바꾸지.

전기차를 이야기할 때 절대 빼놓을 수 없는 것이 바로 배터리야. 왜냐하면 배터리가 전기에너지를 품고 있다가 필요할 때 내놓기 때문에 전기차를 움직일 수 있는 거니까. 만약 배터리가 발명되지 않았다면 전기차가 처음 세상에 나왔을 때에 그랬던 것처럼, 지금과 같이 실용화되긴 힘들었을 거야.

여기서 한 가지 질문을 해 볼게! 기술이 먼저일까, 그 기술에 대한 사회적 요구가 먼저일까? 다시 질문하면, 배터리가 개발되어서 전기차가 나왔을까, 아니면 전기차가 필요하니까 배터리가 개발되었을까? 한번 곰곰이 생각해 볼 만 한 주제야. 지식을 무조건 외우지만 말고, 생각하는 것을 즐기자고!

배터리는 현재 꼭 전기차가 아니더라도 우리 생활에서 없어서는 안 될 제품이 되었어. 어제까지 잘 작동하던 장난감이나 텔레비전 리모컨이 갑자기 작동하지 않으면 배터리, 즉 건전지[*]가 수명이 다 되었나 의심하게 되잖아. 이때 사용하는 건전지는 우리에게 매우 친근해. 이것을 다른 말로는 알카라인 배터리라 불러. 알카라인 배터리는 볼록 튀어나온 부분이 양극이고 평평한 면이 음극이지. 처음 꺼낸 새 배터리의 전압을 측정해 보면 1.5V야. 알

---

[*] 건전지는 '마른 전지'라는 의미야. 전해액과 화학 물질을 종이나 솜에 흡수시키거나 반죽된 형태로 만들어서 유동성 액체를 사용하지 않고 제조한 전지를 말하지.

카라인 배터리는 다시 충전할 수가 없어. 배터리에는 화학 물질이 들어 있으니까 다 쓴 배터리는 꼭 재활용될 수 있도록 전용 수거함에 분리 배출해야 해. 그런데 건전지와 모양이 똑같은데 충전이 되는 배터리가 있어. 충전이 되는 배터리 중에 리튬이온 배터리가 전기차에 현재 주로 쓰이는 대표적인 배터리야.

그런데 전기에너지를 저장하고 있다가 우리가 필요할 때 내놓는, 이렇게 고마운 배터리는 누가 발명했을까? 이탈리아의 물리학자인 알레산드로 볼타(Alessandro Volta)가 1800년에 발명했어. 그가 만든 세계 최초의 배터리는 마치 동전을 쌓아 만든 탑 모양이었어. 아연과 은으로 된 판을 번갈아 쌓으면서 그 사이에 소금물을 적신 천을 끼웠지. 마치 건전지를 계속 서로 다른 극끼리 맞닿도록 길게 쌓아 올린 것과 같아. 이후로 전기와 관련된 많은 실험과 연구가 이루어졌고 배터리도 계속 진화했어. 그 결과로 지금의 리튬이온 배터리까지 발명하게 된 거야. 배터리는 꾸준히 노력해서 얻은 결과물이지, 결코 하루아침에 세상에 나타난 것이 아니란다.

전기차 EV1이 세상에 처음으로 나타난 20세기 말에는 납축전지가 충전이 가능한 배터리 중에서 가장 좋은 선택이었어. 당시엔 납축전지보다 더 가볍고 더 많은 에너지를 끌어안고 있는 배터리가 없었으니까. 납축전지의 원리는 프랑스의 물리학자 가스통 플란테(Gaston Planté)가 1859년에 실험을 통해 발명해 냈어. 이 배터리는 이름처럼 납을 가지고 있어서 매우 무거웠지.

납축전지가 전기에너지를 얼마나 갖고 있을까를 알아보기 전에 '에너지 밀도'라는 것을 한번 살펴볼게. 어떤 물체의 밀도는 질량을 부피로 나눈 값에 해당해.* 밀도가 높을수록 같은 부피를 가져도 더 무거운 물질이라는 거지. 어떤 물체를 물에 넣어 보면 이 물체의 밀도가 물보다 낮은지 높은지를 알 수 있어. 물체가 물에 뜨면 밀도가 물보다 낮고, 높으면 그 반대지. 가령, 비치볼은 물에 뜨니까 밀도가 물보다 낮은 거고, 볼링공은 물에 가라앉으니까 물보다 밀도가 높은 거야.

비슷하게 이 개념을 사용하면 같은 질량 또는 부피를 가질 때 얼마나 많은 에너지를 포함하고 있는지를 나타낼 수 있어. 이것을 에너지 밀도라고 해. 예를 들어 볼게. 납축전지 1개는 대략 2리터 생수 10병에 담긴 물을 섭씨 100도까지 올릴 수 있는 에너지를 지니고 있어. 지금 도로를 오가는 전기차에 들어 있는 리튬이온 배터리는 에너지 밀도가 납축전지보다 약 2.5배가 크단다. 적은

---

★ 부피가 V인 균일한 물질의 질량이 m이라면, 이 물질의 밀도(rho)는 $p = \dfrac{m}{V}$

질량에 더 많은 에너지를 담을 수 있는 거야. 만약 배터리가 개발되지 않아서 EV1을 만들 때처럼 현대에도 여전히 무거운(에너지 밀도가 낮은) 납축전지를 쓸 수밖에 없었다면 전기차의 보급은 늦어졌을 거야. 다행히 많은 연구자들이 밤낮으로 노력한 덕분에 더 적은 배터리 질량에 더 많은 전기에너지를 저장할 수 있게 되었어. 너무나 반갑고 고마운 일이지. 전기차가 지금보다 더 널리 사용되려면 이처럼 배터리 기술의 발전이 정말 중요해.

그럼 리튬이온 배터리는 어떻게 전기에너지를 머금었다가 필요할 때 내놓을까? 간단하게 설명해 볼 테니 한번 들어볼래? 리튬이온 배터리도 알레산드로 볼타가 처음 만든 배터리처럼 음극과 양극이 있어. 분리막이 이 둘이 서로 닿지 않도록 가로막고 있지. 그리고 음극과 양극은 전해질이라는 물질에 닿아 있어. 샌드위치를 연상해 보면 이해가 좀 더 될 텐데, 위아래 식빵(음극 또는 양극) 사이에 식빵보다 넓은 치즈(분리막)가 있고, 치즈와 식빵 사이에 잼(전해질)이 발라져 있다고 생각해 보면 쉬울 거야. 음극은 탄소인 흑연으로 이루어져 있고, 양극은 리튬을 포함한 물질로 되어 있어. 전해질은 내부에서 이온$^{*}$이 움직일 수 있지.

---

★ 중2 과학 '원자와 이온' 단원을 참고하면 이해가 더 잘 될 거야.

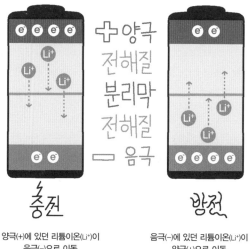

+ 양극
전해질
분리막
전해질
- 음극

충전

방전

양극(+)에 있던 리튬이온(Li⁺)이
음극(-)으로 이동

음극(-)에 있던 리튬이온(Li⁺)이
양극(+)으로 이동

▶▶▶ 리튬이온 배터리의 충전과 방전


    갓 만든 배터리는 방전이 되어서 충전을 해 줘야 돼. 충전을 시

작하면 양극에 있던 리튬이 전자를 잃고 리튬 양이온이 돼. 리튬

양이온은 전해질로 들어가 분리막을 지나 또다시 전해질을 지나

음극에 도달하지. 분리막은 리튬 양이온은 통과시키지만 전자는

지나가지 못하게 차단을 해. 리튬에서 빠져나온 전자는 외부에서

충전기를 흘러 음극으로 향하지. 음극에서 외부를 지나온 전자와

분리막을 통과한 리튬 양이온이 만나 리튬으로 음극에 머무르게

돼. 결과적으로 수많은 리튬이 양극에서 음극으로 이동해서 충전

이 이루어지는 거야.

전기차 모터에 배터리를 연결하면 이와 반대로 다시 리튬이 양이온 상태로 양극으로 향하고, 리튬에서 나온 전자가 모터로 흐르면서 모터가 회전하게 된단다. 이때가 바로 우리가 충전된 배터리를 사용할 때 배터리 내부에서 벌어지는 일인 거지. 전기차에 쓰이는 배터리는 우리가 흔히 접하는 건전지 모양인 것도 있고, 두꺼운 책 모양, 그리고 비닐에 싸인 샌드위치 치즈 모양 등 여러 가지야. 배터리의 모양이 다양해진 건 한정된 부피에 많은 양의 선기에너지를 담으면서 안전을 생각한 연구자들의 고민에 고민이 더해진 결과물이야.

## 전기차 시대를 몰고 온 테슬라

현재 세계에서 전기차를 가장 많이 파는 업체는 미국의 신생자동차 기업인 테슬라야. 왜 신생이냐고? 2003년에 창업했거든. 역사가 불과 20년 정도밖에 되지 않은 회사야. 사람으로 따지면 청년이지만, 다른 자동차 회사와 비교했을 때는 갓난아기라 볼 수있지. 세계에 존재하는 완성차 업체들 중에서 상대적으로 젊다는 우리나라의 현대자동차도 1967년에 창업했거든. 그리고 미국의

GM은 1908년에 창업했으니 한 세기가 넘었지.

GM의 경영진들은 테슬라가 이렇게까지 성공한 것을 보고 아마도 후회했을 거야. 만약 자신들이 1990년대 후반에 개발한 전기차 EV1을 폐기하지 않고 계속 발전시켜 나갔더라면 어땠을까 하고 말이야. 자동차의 역사를 통해서 항상 미래에 관한 안목이 있어야 하고, 바른 결정을 해야 한다는 진리를 깨닫게 되지. 테슬라의 성공은 순간의 결정이 이렇게 커다란 결과의 차이를 만든다는 걸 생생하게 확인해 주는 중요한 사건이었어.

테슬라는 미국 캘리포니아 실리콘 밸리의 두 공학자에 의해 2003년에 만들어졌어. 회사 이름은 교류 모터를 발명한 니콜라 테슬라(Nikola Tesla)의 성(姓)에서 따왔지. 아마 다들 한 번쯤은 일론 머스크(Elon Musk)라는 이름을 들어봤을 거야. 그는 창업자는 아니지만, 초창기에 테슬라에 투자하면서 경영에 참여해 테슬라를 세계 최대의 전기차 판매 회사로 만들었단다.

그런데 어떻게 21세기에 들어서서 설립한 테슬라가 거대한 자동차 회사인 GM도 실패한 전기차 시장을 장악할 수 있었을까? 여러 가지 이유가 있지만, 가장 큰 요인은 진보된 기술 개발과 혁신에 있어. 이를 위해 막대한 연구 개발 비용을 투자했지. 미국 정부의 강력한 경제적인 지원도 도움이 되었고.

▶▶▶ 2009년 프랑크푸르트 모터쇼에서 선보인 테슬라 S 프로토 타입. (출처: 위키미디어 커 먼스)

테슬라는 이전엔 경험할 수 없었던 새로운 자동차를 만들어서 고객들에게 제공한다는 개념을 가지고 시장을 공략했어. 전기자 동차는 멋지며, 얼리어답터*에게는 새로운 경험을, 그리고 환경 을 생각하는 사람들에게는 친환경차라는 것을 호소했지. 당연히 디젤게이트 이후에 사람들의 관심이 전기차와 같은 '친환경차'에 쏠렸고, 정부도 다양한 정책으로 친환경차의 구매를 유도했어.

테슬라는 노트북에 들어가는 원통형 리튬이온 배터리를 수백 개 연결해서 한 번 충전으로 수백 킬로미터 이상을 운행할 수 있

* Early-adopter는 신제품을 남보다 빨리 구입해 사용해 보는 사람들을 뜻하는 신조어야.

는 차량을 만들었는데, 무엇보다 소비자들에게 매력적으로 다가왔던 건 모델 S의 경우에 출발 가속도가 엄청나서 시속 킬로미터에 도달하는 데 약 5.6초(제로백 5.6초)밖에 걸리지 않았다는 점이야. 여러모로 끌리는 장점이 매우 많은 차를 만들어 냈다는 것이 테슬라를 성공으로 이끈 비결이 아닐까 싶어.

## 배터리로 움직이는 전기차의 미래

배터리가 전기차 발전을 주도할 것이라는 주장은 변함이 없어. 배터리가 모터 회전을 위한 전기에너지를 저장하는 핵심이기 때문이지. 알레산드로 볼타가 인류 최초로 기초적인 배터리를 개발한 이후로, 세계는 전기를 저장한 후에 원할 때면 언제든지 쓸 수 있게 되었어. 이전에는 전기 관련 실험은 정전기밖에 사용할 수 없었는데 일정하게 전류를 보내는 장치가 나타났으니 과학자들은 신나서 관련 학문을 연구해서 발달을 시켰지. 그 후로 납축전지가 만들어졌고, 이것은 자동차의 시동을 걸거나 오디오, 바람을 보내는 장치 등에 전기를 공급해 왔어. 전기차가 본격적으로 활용되면서 배터리도 계속된 발전을 거듭한 거야.

배터리 전기차가 더 발전하려면 현재 전기차에 사용되는 리튬이온 배터리에 저장하는 에너지의 크기를 더 늘리는 기술이 필요해. 에너지를 더 많이 저장할 수 있으면, 한 번 충전해서 더 먼 거리를 달릴 수 있으니까 자주 충전해야 하는 번거로움이 줄어들지. 그리고 충전 속도도 지금보다 더 빨라져야 해. 그리고 안전해야 하지. 연구자들은 불이 나지 않는 안전한 배터리 개발을 위해 지금도 밤낮없이 노력하고 있단다. 아마도 멀지 않은 미래에는 안전하고, 충전이 편리하며, 더 먼 거리를 이동할 수 있는 배터리 전기차가 세상에 나올 거야.

잠시 사라졌던 배터리 전기차가 사람들의 주목을 받으며 다시 세상에 나타난 이유 중의 하나가 환경이라고 앞서 말했었지? 전기차가 그 목적에 맞으려면 우리가 다 쓴 배터리를 일반 쓰레기와 함께 버리지 않고 재활용되도록 수거함에 분리 배출하는 것과 마찬가지로, 수명이 다한 전기차 배터리도 재활용할 수 있어야 해. 그 기술을 발전시키는 것이 앞으로의 과제가 되겠지.

다음 장에서는 현재와 미래 이동 수단으로 사람들의 관심을 받고 있는 또 다른 전기차인 수소 연료전지 전기차에 대해 알아보려 해. 배터리 전기차와 비교해 어떤 점이 비슷하고, 또 어떤 점이 다른지 살펴보면서 차근차근 읽으면 흥미로울 거야.

# 4장

# 또 다른 전기차, 수소전기차

## 왜 수소차일까?

연료는 공기 중의 산소와 만나 타면서 열에너지를 내놓는데, 엔진이 이때 발생하는 열에너지의 일부를 바퀴를 굴리는 데 필요한 운동에너지로 전환한다는 것을 앞에서 설명했어. 자동차에 쓰이는 연료는 휘발유, 경유, 액화석유가스(LPG), 그리고 압축천연가스(CNG)가 있어. 이들 자동차 연료의 공통점은 탄소와 수소의 화학적 결합으로 만들어진 화합물의 다양한 종류가 섞여서 이루어졌다는 거야. 이때 연료 속의 탄소가 산소와 만나서 타면 이산화탄소가 만들어지고, 수소가 산소와 반응하면 물이 돼.

이산화탄소는 기후 변화의 원인이 되는 온실가스이기 때문에 배출을 줄여 나가야 해. 그러면 이산화탄소를 배출하지 않는 연료는 뭐가 있을까? 그 답이 바로 수소야. 탄소가 없는 순수 물질인 수소를 연료로 활용하면 그저 물만 나오니까 이산화탄소의 배출을 막을 수 있어. 그래서 사람들은 수소를 연료로 사용하는 것에 오래 전부터 꾸준히 관심을 가졌었지. 그리고 기후 변화를 억제하기 위해 수소를 자동차 연료로 사용하는 수소차가 사람들의 관심을 본격적으로 받기 시작한 거야.

## 수소, 너의 정체가 궁금해

수소에 대해서 간단히 알아볼까? 수소는 자연계에 존재하는 원소들 중에 가장 작은 원자들로 구성되어 있는데, 여러 가지 독특한 성질을 지니고 있어. 수소는 주기율표에서 원자 번호가 1인 첫 번째 원소이고, 원소 기호는 H야(원소의 분자식은 $H_2$). 우주에 존재하는 가장 많은 원소가 바로 수소지. 그리고 가장 질량이 적은 원소이고. 수소는 수소 그 자체로만 이루어져 있는 순수한 상태로 있지 않아. 워낙 다른 물질과 결합하려는 성질이 강해서 다른 원소와 결합된 상태로 대부분 존재해. 물이 대표적인 예야.

수소의 영어 이름은 hydrogen인데 hydro가 물을 의미하고,

gen이 만든다는 의미를 가져. 즉 물을 만드는 것이란 뜻이지. 프랑스의 화학자 라부아지에(Antoine Laurent de Lavoisier)가 물을 분해해서 수소를 얻고, 수소를 태우면 물이 된다는 사실을 밝혀냈어. 물 분자($H_2O$)는 수소 원자 2개가 산소 원자 1개와 결합한 물질이야. 수소는 화합물로 존재한다는 점이 수소가 우주에서 가장 많은 원소임에도 불구하고 사용이 쉽지 않은 이유야. 수소가 순수한 수소, 즉 수소 원자 2개가 결합된 상태인 수소 분자($H_2$)로 되어 있어야 우리가 필요한 에너지를 얻을 수 있는데, 안타깝게도 수소는 다른 원소와 결합된 물질로 자연에서 존재하거든.

수소는 무척이나 가벼워. 수소보다 가벼운 원소는 없단다. 수소 다음으로 가벼운 원소는 헬륨이지. 우리가 파티나 놀이공원에서 볼 수 있는 헬륨 풍선에는 헬륨이 조금 들어 있어. 헬륨 대신에 수소를 넣으면 풍선이 더 가볍게 뜨겠지만, 수소는 반응성이 강해 폭발할 위험이 있어서 수소 풍선은 만들지 않아. 수소를 이용해서 에너지를 얻는 방식 대신에 수소가 교통 수단에 활용된 것은 바로 이러한 공기보다 가벼운 성질을 이용한 거야.

수소가 얼마나 가벼운지 알아볼까? 우리가 마시는 생수 2리터병이 있다고 해. 물로 채워져 있는 2리터 병은 플라스틱 병의 무게를 제외하면 무게가 2kgf(킬로그램힘)이지. 만약 물을 덜어내고 수소로만 가득 채운다면 그 무게는 얼마나 될까? 놀라지 마. 그 무게는 0.17gf(그램힘)이야. 1킬로그램힘의 5천 분의 1이 안 되는 값이란다. 일반 저울로 측정하면 비어 있는 생수병 무게나 수소를 넣은 생수병 무게나 차이를 보이지 않을 정도로 아주 작은 값이지. 수소는 정말이지 너무너무 가벼워. 무게는 가벼운데 어마어마하게 큰 에너지를 내놓을 수 있는 능력을 가지고 있는 거지. 같은 질량의 휘발유가 탈 때 내놓는 열에너지보다 무려 3배의 에너지를 수소는 내놓을 수 있어.

그런데 문제는 부피야. 무슨 말이냐면, 같은 질량이 차지하고 있는 수소 부피가 휘발유에 비해서 8배나 크다는 거야. 에너지는 많이 가지고 있지만, 부피가 만만치 않아. 같은 양이라도 큰 공간을 차지한다는 것이 수소를 사용하기 힘든 이유 중의 하나야.

이렇듯 수소는 장점과 단점이 분명한 물질이야. 장점은 사용할 때 이산화탄소를 배출하지 않는다는 것, 그리고 지구를 포함한 우주에서 가장 풍부한 원소라는 점이지. 단점은 부피가 너무 커서 보관이 쉽지 않다는 점, 그리고 원소의 크기가 작아서 잘 샌다는 점, 화합물로 존재하기 때문에 순수한 수소를 얻으려면 추가로 에너지가 필요하다는 점 등이지. 이런 장점과 단점이 극명한 수소를 어떻게 모빌리티에 사용할 수 있는지 좀 더 알아보기로 할까?

# 수소로 어떻게 차를 움직일까?

자동차를 움직이려면 동력이 필요한데 동력은 어떻게 얻을 수 있을까? 두 가지 방법이 있다는 것을 앞에서 이야기했지. 한 가지는 엔진을 활용하는 것이고, 또 다른 하나는 모터를 사용하는 거야. 자동차 바퀴를 회전시키기 위한 동력을 내기 위해서 엔진은 열에너지가 필요하고, 모터는 전기에너지가 필요하지. 수소 활용 방법도 마찬가지야. 수소로부터 열에너지를 얻을 수도 있고, 전기에너지를 얻을 수도 있어.

사람들은 이미 널리 사용하고 있는 내연기관을 활용하는 것을 떠올렸어. 휘발유나 경유 대신에 수소를 연료로 사용하는 거지. 이런 생각을 현실로 만들기 위해서 수소를 연료로 사용하는 내연기관 개발에 많은 연구자들이 매달렸어. 머릿속에서 상상으로만 머물렀던 아이디어를 현실로 만들어 내기가 쉽지 않았지만 하나씩 차근차근 해 나간다면 못할 것도 없었지. 흥미진진한 과정이 시작된 거야. 오랜 연구 개발을 통해 실제로 수소를 태워서 움직이는 자동차를 생산한 업체는 독일 자동차 회사인 BMW야.

BMW는 2006년에 세계 처음으로 수소를 태우는 자동차를 사람들에게 견본으로 보여 주는 수준을 넘어서 제품으로 완성한 업체야. Hydrogen 7이라고 이름 붙여진 수소차는 엔진 실린더가 무려 12개인 대형차였어. 일반적으로 우리가 타는 승용차의 실린더 개수가 4개 또는 6개인 것을 감안하면 매우 큰 차라 할 수 있지. 차의 성능은 나쁘지 않았어. 성인 두 사람을 태우고도 정지 상태에서 시속 100킬로미터까지 속력이 도달하는 데 10초도 걸리지 않았으니까.

수소를 자동차 엔진 연료로 적용하는 데에는 어떠한 어려움이 있었을까? 가벼운 수소를 자동차에 저장하기 위해서는 밀도를 높여야 했어. 그래서 선택한 방법이 수소를 기체가 아니라 액체로 저장하는 방법이었지. 액체가 기체보다 훨씬 밀도가 크니까 같은 질량을 저장한다면 액체 상태 수소가 기체 수소 경우보다 적은 부피를 차지하거든. 그런데 수소를 액체로 저장하기 위해서는 온도를 우리가 상상하는 것보다 훨씬 낮춰야 해. 무려 섭씨 영하 253도까지 낮춰야 하지. 이렇게 낮은 액체 수소를 계속 유지하려면 열을 차단해야겠지. 그래서 연구자들은 액체 수소 저장을 위해서 금속 탱크에 이중으로 사이에 진공을 둔 벽을 만들어 열이 침입하는 것을 막는 방법을 사용해 약 8킬로그램의 액체 수소를 저장할 수 있었어. 하지만 아무리 탱크를 잘 만들었어도 열이 침입해서 액체 수소가 증발할 수밖에 없었지. 액체 수소를 가득 채운 탱크도 10~12일이 지나면 완전히 증발해서 날아가 버리고 빈 탱크만 남게 돼.

또 다른 문제는 당시엔 액체 수소를 채워 넣을 주유소가 많지 않았다는 거야. 아, 액체 수소는 휘발유나 경유처럼 기름이 아니니까 주유소라고 말하면 안 되겠네. 기체 수소를 채워 넣는 곳은 수소 충전소라고 해. 액체가 아니라 기체 수소를 채워 넣기 때문에 '충전'이라는 단어를 쓰지. 당시 독일 전역에는 수소엔진차에 필요한 액체 수소를 공급받을 수 있는 곳이 다섯 곳밖에 없었어. 낭연히 실제로 수소엔진차를 일상에서 사용하기란 불가능했지. 충전할 수 있는 곳이 거의 없었다고 보면 되니까.

수소는 산소와 만나면 물이 된다고 알고 있는데, 내연기관 수소차는 작동할 때 오직 물만 나오지는 않아. 그 이유는 간단해. 엔진은 공기를 흡입하기 때문에 산소뿐만 아니라 질소도 빨아들여. 높은 온도에서는 질소가 산소와 만나면 공기 오염 물질인 산화질소를 만들어. 맞아, 앞서 디젤게이트에서 이야기했던 그 산화질소 말이야.

기술적인 어려움이 많았지만, 수소가 가진 장점을 활용하려는 노력은 계속되었어. 수소를 태워서 기존의 내연기관을 계속 활용하려는 생각은 특히 앞서 내연기관 기술로 자동차 공업이 발달한 독일의 자동차 업계에서 적극적으로 진행되었지.

## 수소로 전기를 만들어 낸다고?

수소를 자동차에서 활용하는 또 다른 방법은 연료전지야. 연료전지란, 연료와 산화제를 전기화학적으로 반응시켜 전기에너지를 발생시키는 장치를 말해. 즉 연료전지를 통해 수소로부터 전기에너지를 얻는 거지. 그래서 연료전지 수소차도 전기차의 한 종류라고 할 수 있어. 모터 축이 회전할 때 운동에너지가 바퀴 축에 전달되어 자동차를 움직이는 거지.

연료전지는 수소와 공기를 빨아들여. 자동차 엔진이 연료와 공기를 필요로 하는 것처럼 말이야. 연료전지도 수소를 연료로 흡입하고 공기를 필요로 한다는 점은 자동차 엔진과 같아. 그렇지만 연료전지 내부에서 불은 일어나지 않아. 연료전지 내로 수소와 공기가 들어가기는 해도 직접 만나지는 않기 때문이지. 연료전지 안에서 무슨 일이 어떻게 벌어져서 전기에너지가 나오는지 한번 간단하게 알아볼까?

연료전지는 전기에너지를 내놓기 때문에 양극과 음극이 구분되어 있어. 셀(cell)이라고 부르는 기본 단위를 이루고 있지. 셀은 연료전지를 만드는 단위로, 샌드위치 구조로 되어 있는데, 음극(연료극)과 양극(공기극), 그리고 이 둘의 사이를 분리하는 전해질막으로 되어 있어(전해질막은 마치 플라스틱으로 만든 종이와 같아). 이런 이유로 자동차 연료전지를 분자 전해질막 연료전지라고 불러.

먼저, 수소가 들어가는 음극에서 어떤 흥미로운 일들이 벌어지는지 살펴볼게. 연료전지 내부로 들어온 수소는 스며들면서 촉매 전극이란 곳에 도달해. 촉매전극에는 마치 쿠키 위에 박힌 초코칩처럼 아주 작은 백금 알갱이가 있어. 바로 이 백금이 촉매 역할을 하는 거란다. 촉매는 화학반응이 잘 일어날 수 있도록 돕는 역할을 하는 물질을 의미해. 직접 반응에 참여하지는 않지만 말이야.

백금에서 수소는 전자를 잃고 양성자가 돼. 참고로 수소 원자 하나는 양성자 하나와 전자 하나로 이루어져 있거든. 이때 전자를 잃은 양성자인 수소 양이온($H+$)은 전해질막을 통과하고, 전자는 통과하지 못해. 대신 전자는 음극에서 외부 회로선을 통해 연료전지 양극으로 이동하지. 전류 방향은 그 반대야. 우리는 처음 약속한 대로 전류 흐름 방향을 양극에서 음극으로 약속하고 있어. 실제로 전자가 흘러가는 방향은 반대지만 말이야.

이제 양극으로 가 볼까? 양극에서는 만남이 이루어져. 외부 회로를 통해 음극에서 온 전자, 전해질막을 통과해서 온 수소 양이온, 그리고 공기 중의 산소가 만나지. 산소 분자 1개, 수소 양이온 4개, 전자 4개가 짝을 이뤄서 결합하면 물 분자 2개가 만들어져. 이로써 수소가 산소와 만나 물을 만드는 화학 반응이 온전히 이루어진단다. 수소와 산소가 직접 만나 격렬한 산화반응을 이루며 타는 것들과는 좀 원리가 다르지? 어려운 내용이라 이해가 쉽지 않을 테지만, 연료전지는 수소와 산소의 화학반응을 이용하여 전기를 생산하는 수소발전 기술이라는 것만 알아도 충분해.

연료전지 셀 하나가 갖는 전압은 1.23V야. 우리가 TV 리모컨이나 장난감에 끼워 넣는 일회용 건전지가 1.5V니까 이것보다 전압이 작아. 여러 사람과 짐까지 태우고 움직여야 하는 자동차에 사용하려면 이것보다는 왠지 전압이 커야 될 것 같지 않아? 맞아, 전압을 크게 하려면 셀을 직렬로 연결하면 돼. 볼타가 최초로 발명한 배터리도 그랬고, GM이 만든 EV1도 납축전지를 여러 개 연결해서 전압을 높였던 것을 기억하지? 이것도 마찬가지야. 식빵 한 조각을 셀이라 본다면, 식빵 조각을 여러 개 포개면 전압이 수소차 모터를 굴릴 만큼 커지게 만들 수 있지. '쌓아올린다'고 해서 영어로 스택(stack)이라고 불러. 연료전지 스택은 낼 수 있는 전압이 220~300V가 되지.

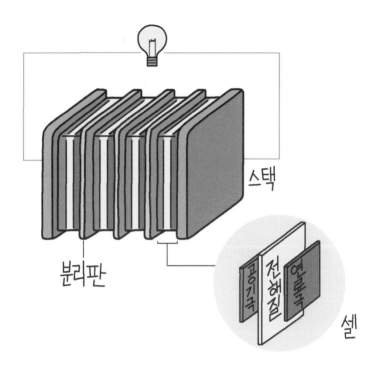

스택

분리판

셀

공기극 전해질 연료극

▶▶▶ 연료전지의 기본 구조인 셀과 스택의 모습

앞서 수소 내연기관차는 수소를 액체산소로 저장했는데 열이 침입해서 온도를 올려 액체수소가 기체로 증발하는 문제가 발생했었다고 살펴봤었지? 그럼 수소 연료전지차의 경우엔 어떨까? 수소 연료전지차는 수소를 기체로 저장한 채로 이곳저곳을 누빌 수 있어. 산소와 수소가 연료전지에서 화학 반응하여 전력을 만들어 전기 모터에 동력을 공급하기 때문에, 수소만 충전하면 내연기관차처럼 어디든지 제약 없이 돌아 다닐 수 있지.

앞서 설명한 대로, 수소는 밀도가 매우 작기 때문에 높은 압력으로 저장하지 않으면 자동차에 실을 수 없을 정도로 큰 공간을 차지하고 말 거야. 다행히도 지속적인 연구로 지금도 꾸준히 성능과 효율이 향상되고 있어. 부피가 워낙 크다 보니 저장할 수 있는 수소의 양 자체는 적긴 하지만 고효율의 연료이다 보니 지금 수준의 기술로도 초고압으로 압축하면 꽤 큰 크기의 에너지를 들고 다닐 수 있지. 수소 충전 시간이 매우 짧다는 점도 장점이야. 기존의 화석연료 자동차를 타던 습관대로 차량을 타고 다니더라도 충전소만 제때 만나면 장거리 운행에도 크게 불편함이 없을 거라고 전망하고 있어.

## 색으로 구분하는 수소

앞에서 수소가 여러 가지 장점을 가진 물질이라는 것을 알았잖아. 그럼 수소는 어떻게 얻을 수 있을까? 자연적으로 순수하게 존재하는 수소는 거의 없다고 보면 돼. 지구상에 존재하는 수소는 거의 대부분 화합물로 존재하거든. 다른 물질과 결합한 채로 존재한다는 거지. 순수 수소를 얻으려면 수소와 결합하고 있는 물질로부터 수소를 분리해 내야 해.

사람들은 어떻게 순수 수소를 얻는가에 따라 수소에 색깔 이름을 붙이기 시작했어. 수소를 생산하는 방법은 물이나 화석연료 등 분리 대상 원료(수소 함유 화합물)와 투입 에너지원의 조합에 따라 다양하며, 생산 방식에 따라 색상으로 구분해. 수소 자체에 색깔이 있는 건 아니고, 구분을 위해 이름표를 붙이는 것과 같아.

순수 수소를 얻는 가장 일반적인 방법은 메테인을 이용하는 거야. 메테인은 수소와 탄소로 이루어져 있거든. 도시가스라는 말을 들어 봤을 거야. 집에서 공급받는 연료 가스이지. 천연가스가 바로 도시가스야. 천연가스는 대부분 메테인으로 이루어져 있어. 도시가스를 보일러에서 공기와 함께 태워야 난방도 하고, 샤워나 설거지할 때 쓰는 온수도 얻을 수 있지. 그리고 부엌에서 조리할 땐 가스레인지에 공급하기도 하고 말이야. 수소를 제외하고, 우리가 사용하는 연료 중에서 거의 대부분은 수소와 탄소 화합물에 해당해. 휘발유, 경유, 등유, LPG, 도시가스를 포함해서 모두 다 탄소와 수소의 화합물, 즉 탄화수소란다.

메테인을 높은 온도의 수증기를 이용해서 가열하면 수소와 탄소가 분리돼. 이때 분리된 수소를 여러 단계를 거쳐서 걸러내면 수소만 얻을 수가 있어. 이때 여러 가지 화학 공정 단계를 거치게

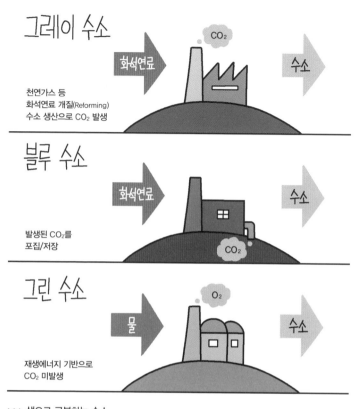

그레이 수소

화석연료 ▶ CO₂ ▶ 수소

천연가스 등
화석연료 개질(Reforming)
수소 생산으로 $CO_2$ 발생

블루 수소

화석연료 ▶ 수소

발생된 $CO_2$를
포집/저장

CO₂

그린 수소

물 ▶ O₂ ▶ 수소

재생에너지 기반으로
$CO_2$ 미발생

▶▶▶ 색으로 구분하는 수소

돼. 수소를 얻기 위해 또 다른 에너지를 활용하는 거지. 또한, 이 과정에서 분리된 탄소는 이산화탄소가 된다는 문제가 발생해. 수소를 얻기 위해서 에너지도 필요하고, 이산화탄소도 발생하는 거지. 이런 수소를 그레이 수소라고 불러. 우리가 현재 사용하는 수소의 거의 대부분이 이런 방식을 통해 얻어지는 거야.

이때 발생한 이산화탄소를 대기 중으로 배출하지 않고 가두어 (포집)서 어디에 보관(저장)하는 방법을 통해서 얻은 수소를 블루수소라고 해. 수소를 얻을 때 연료를 사용하긴 했지만, 이산화탄소를 대기 중으로 방출하지는 않는 경우이지.

그리고 세 번째로, 가장 이상적인 방법이 있어. 수소를 얻기 위해 화합물로 존재하는 수소를 다른 물질로부터 분리하는 것(즉 에너지가 투입된다는 것)은 피할 수 없는 과정이야. 그렇다면 그 분리 과정에서 이산화탄소 배출을 피해야만 해. 그러려면 탄소와 수소가 결합된 연료에서 수소를 분리해선 안 돼. 그 대신 지구상에 흔하게 있는 수소 화합물인 물을 활용하면 어떨까? 과학 시간에 전기 분해를 통해서 물을 수소와 산소로 분리할 수 있다는 것을 배웠지? 그 방법으로 전기를 활용해 물에서 수소를 분리해 낼 수 있어. 이 경우에도 전기에너지가 필요한데, 이때 재생에너지를 통해 전기를 얻었다면 에너지를 얻는 과정 중에 이산화탄소를 배출하지 않은 거잖아? 이렇게 얻은 수소를 그린 수소라고 불러.

이외에도 재생에너지가 아닌 기존 전력망을 통해 물을 분해해서 생산하는 옐로우 수소, 원자력발전을 통해 생산된 전기로 물을 분해해 생산한 핑크 수소가 있어.

세계 여러 나라와 기업들은 수소 에너지의 주도권을 잡기 위해 치열하게 경쟁하고 있어. 수소는 우주 질량의 75퍼센트를 차지할 정도로 풍부할 뿐만 아니라 연소하더라도 물과 아주 적은 양의 질소산화물만 발생시키는 무해한 에너지거든. 지속 가능하고 청정한 에너지로의 전환은 이제 선택이 아니라 필수인 시대야.

## 수소차의 미래 가능성은?

수소는 에너지를 공급하는 원천이 아니야. 자동차를 굴릴 에너지를 얻기 위해 수소를 활용하려면 우선 순수 수소를 얻어야 해. 수소를 사용하려는 이유는 딱 한 가지야. 바로, 이산화탄소를 배출하지 않으려는 것이지. 수소를 얻는 과정부터 사용까지 전 과정에서 이산화탄소 배출을 억제하려면 무엇보다도 재생에너지를 활용해야 해.

이처럼 모빌리티의 미래 방향은 에너지 활용과 밀접한 관련을 맺고 있어. 그러니 따로따로 봤을 때는 전혀 관련 없어 보이는 것들이 어떻게 서로 관련되어 있는지 전체를 보는 시각을 기르면 좋겠지. 결국에는 수소를 어떻게 얻고, 수소에서 어떻게 모빌리티를 위한 에너지를 얻을까에 따라 수소를 활용한 모빌리티의 미래 발전 방향과 미래 모습이 결정될 거야.

다음 장에서는 전기 자동차의 발전과 함께 사람들에게 뜨거운
관심을 받고 있는 자율주행차에 대해 알아보자.

# 5장

# 로봇이 운전하는 자율주행차

# 이름은 자동차인데
# 스스로 움직이지 않는다고?

로봇이 여러 가지 일을 대신해 주는 세상이 다가오는데 운전이라고 못하겠어? 로봇이 사람을 대신해서 운전하는 세상은 언제쯤 우리 앞에 펼쳐질까 궁금하지 않니?

자동차(自動車)란 단어의 한자를 뜻 그대로 풀어 보면, '스스로 움직이는 차'가 돼. 만약 일반적인 자동차를 스스로 움직이게 놔두었다가는 큰일이 나겠지. 장애물이 앞에 나타나면 바로 부딪히고 말 거야. 사고를 막으려면 누군가는 운전석에 앉아서 차의 속력을 조절하고, 어느 방향으로 갈지 매순간 결정해서 운전대를 돌려야 하겠지. 이처럼 기존의 자동차는 운전하는 사람을 필요로 해. 그런데 운전자 없이 스스로 알아서 판단해서 움직이는 자동차가 있어. 이것을 자율주행 자동차라고 불러.

자동차가 세상에 나타남과 동시에 사람들은 운전조차 필요 없는 수준으로 자동차를 만들 수는 없을까 하고 상상력을 발휘했어. 상상력을 마음껏 펼칠 수 있는 SF영화나 만화를 보면 차량에 올라타서 목적지를 말하면 알아서 운전하는 자동차라든지, 손목에 차고 있는 시계에 대고 말하면 탑승자가 있는 곳까지 자동차가 알아서 척척 와 주는 장면을 종종 볼 수 있지.

사람들은 아주 오래전부터 어떻게 하면 자동차를 진정한 '스스로 움직이는 차'로 만들 수 있을까 고민에 고민을 거듭했단다. 길바닥에 자석을 길게 깔아 놓고 차가 자석을 길잡이 삼아 따라가도록 만든 기초적인 수준의 것부터 시작해서 주변에 있는 장애물을 파악해 이동 방향을 결정하는 자동차 등, 많은 연구를 오래전부터 진행해 왔어. 그러다 자율주행 기술 발전이 본격적으로 꽃을 피우게 된 것은 21세기에 들어서면서부터야. 그사이 무슨 일이 벌어졌었는지 같이 살펴볼까?

# 사막에서 열린 무인 자동차 경주

2004년 3월 토요일 이른 아침, 미국 서부 캘리포니아 모하비 사막에서는 일반 자동차 경주와는 다른 경주가 세계 최초로 진행되었어. 바로, 운전하는 사람이 타고 있지 않은 무인 자동차들의 경주였지. 어디서도 본 적 없는 이 특이한 도전은 미국 국방부 산하 기관인 DARPA(Defense Advanced Research Projects Agency)가 개최했는데, 무려 상금이 100만 달러였어.

15대의 개성이 넘치는 자동차들이 주행에 필요한 각종 장치를 붙인 채 Slash X 목장에 마련된 출발선에서 한 대씩 출발을 시작했지. 바퀴가 6개인 자동차, 트럭, 군용 트럭, 그리고 오토바이까지 자동차의 모양은 모두 달랐어. 각 팀은 최선을 다해 자신들이 생각해 낸 기발한 아이디어를 적용해서 로봇이 스스로 진행할 방향과 속력을 조절하는 무인 자동차를 만들었지.

모든 팀의 목표는 단 하나였어. 10시간 안에 모래로 덮인 울퉁불퉁한 사막 길을 달려 142마일(약 229킬로미터) 떨어진 목적지에 다다르는 것이었지. 팀 구성 또한 다양했는데, 대학팀, 특정 회사의 지원을 받은 회사원팀, 그 중엔 캘리포니아에 있는 고등학교의 학생팀도 있었어!

아쉽게도 15대의 무인 자동차 중에서 2대는 출발도 하기 전에 기권하였고, 3대는 출발선 근처에서 방향을 잘못 틀거나, 근처 벽에 부딪혀서 경주를 끝마치지 못했지. 결국 이 대회에 참가한 어떤 차도 목적지에 정해진 시간 내에 도착하지 못했어. 그나마 가장 멀리 간 자동차는 7.4마일(12킬로미터) 지점에서 경로를 벗어나 둔덕에 끼어서 옴짝달싹 못하고 말았지. 모두들 전체 경주 거리

의 5퍼센트 남짓한 거리도 못 가서 멈추고 말았던 거야.

대회의 전체적인 결과는 아쉬웠지만, 이 대회는 무인 자동차에 관한 관심과 관련 기술을 크게 발전시키는 촉진제가 되었어. 톡톡 튀는 기발한 아이디어가 샘솟는 사람들이 자신의 실력을 뽐낼 기회를 제대로 찾은 거지. 그리고 같은 목표를 가진 뛰어난 사람들을 동료로 만나 서로 교류하면서 정보를 교환하였고, 마구 솟아나는 참신한 방법들을 그 자리에서 바로 의논하며 자신들의 기술을 더욱 발전시킬 기회를 얻게 된 귀중한 시간이었던 거야.

그 다음 해인 2005년에 두 번째 대회가 열렸어. 1년 전에 처음 열린 1회 대회에서 성공한 팀이 하나도 없었기 때문에 누적된 상금은 200만 달러로, 두 배가 되었지. 그리고 경주 거리는 이전보다 늘어난 175마일로, 10시간 내에 도착하는 조건이었어. 이전 해에 한 팀도 성공하지 못했는데도 이루어야 할 목표는 더 높아진 거야. 그런데 어떤 결과가 나왔는지 알아? 23팀이 겨룬 최종 결선에서 무려 5팀이나 자신들이 만든 자율주행 로봇으로 175마일을 운전자 없이 10시간 내에 운전해서 목적지를 지나는 데 성공했어!

가장 짧은 시간에 도달한 차는 스탠리라는 이름을 가진 로봇이야. 기록은 6시간 53분 58초였단다. 2004년 형 폭스바겐 투아렉 차량 지붕에 여러 가지 센서를 붙이고, 뒷쪽 짐칸에는 거대한 컴퓨터를 싣고 있었지. 불과 1년 전에는 아무도 성공하지 못했던 것을 생각해 봐. 1년이라는 개발 기간이 결코 길지 않은 시간인데도 자율주행차 기술이 어마어마하게 발전한 거야. 경쟁을 통해서 기술 수준이 짧은 시간에 대폭 상승한 거지.

이 대회를 계기로 자율주행 기술에 관심을 본격적으로 갖게 된 연구팀과 연구자가 늘어났고, 따라서 관련 기술도 급속도로 발전했단다. 로봇이 운전을 한다니, 처음엔 너무 어려운 문제처럼 보였지만, 연구를 통해 발전시켜 보니 도전할 만한 가치가 충분했던 거야!

## 인공지능이란 핵심 기술

미래의 자동차는 어떤 모습일까? 여전히 사람이 운전할까, 아니면 승객이 차에 올라타서 목적지만 말하면 자율주행차가 안전하게 데려다 줄까? 현재 운전면허증이 없는 어린 세대는 앞으로 자신이 원하지 않으면 면허를 굳이 취득하지 않아도 되는 세상이 올지도 몰라. 그 이유는 당연히 자율주행 자동차 때문이지.

그렇다면 자율주행 자동차가 미래에 우리 앞에 짠 하고 나타나기 위해서는 어떤 것이 해결되어야 할까? 자율주행을 가능하게 만드는 핵심은 인공지능이야. 몇 년 사이에 인공지능이란 단어를 많이 들어 봤을 거야. 인공지능은 영어로 Artificial Intelligence 인데, 줄여서 AI라고 부르지. 인공지능은 마치 사람처럼 지능을 가지고 여러 가지 판단을 하는 컴퓨터 장치를 의미해. 이 컴퓨터 장치에는 다양한 프로그램들이 들어 있어서 입력하면 출력을 내보내지. 인공지능 기술은 자율주행뿐만 아니라, 우리가 일상에서 사용하는 많은 기계들 속에 이미 사용되고 있어. 스마트폰에 들어 있는 AI비서 역시 인공지능 기술이란다. 인공지능은 우리가 매일 사용하는 스마트폰, 노트북, 집에 있는 데스크톱 컴퓨터, 현금 인출기, 빌딩에 붙어 있는 전광판 등등… 주변의 거의 모든 곳에 있다고 보면 돼.

그런데 어떻게 컴퓨터 장치가 인공지능이 될 수 있을까? 컴퓨터는 말 그대로 계산하는 장치야. 더하기, 빼기, 나누기, 곱하기 등을 연속적으로 빠르게 처리하는 장치이지. 이런 장치에 여러 가지 명령을 나열한 프로그램을 만들어 지시하면 컴퓨터는 이것을 반복해. 이런 프로그램을 소프트웨어라고도 하지. 컴퓨터는 우리가 눈으로 보고 만질 수 있는 전자 장치에 명령을 내리는 소프트웨어가 들어 있는 것이라 할 수 있어. 일반적인 소프트웨어를 작성하는 방법은 벌어질 수 있는 상황에 따라 어떤 명령이나 판단을 내릴지 모두 다 구분해 놓는 거야.

하지만 만약 벌어질 수 있는 상황 종류가 너무 많거나, 또 어떤 일이 벌어질지 미리 모두 파악할 수 없다면 기존의 방식으로는 프로그램을 짤 수 없겠지? 맞아, 자동차와 사람이 복잡하게 오고 가는 도로 위에서는 정말 다양한 일이 벌어질 수 있단다. 차량의 블랙박스에 녹화된 영상을 보여 주는 텔레비전 프로그램을 시청하다 보면, 찍힌 영상들을 몇 개만 봐도 '정말 어떻게 이런 일이?' 라고 생각할 정도로 기상천외한 예상하기 힘든 일들이 도로 위에서 벌어지고 있잖아. 그렇다 보니 수많은 상황과 사건을 하나하나 구분해서 미리 예측하고 어떻게 대응할지를 컴퓨터 프로그램으로 작성하기란 정말 쉽지 않아.

그렇다면 정말 방법이 없을까? 아니, 전혀 불가능한 건 아니야. 인공지능 소프트웨어가 이러한 복잡한 문제를 해결할 수 있는 실마리를 제공하거든. 인공지능 소프트웨어는 규칙을 작성하는 것이 아니라, 문제와 답을 주고 소프트웨어가 스스로 규칙을 만들도록 하지. 이를 두고 '인공지능 소프트웨어를 학습 시킨다'라고 말해. 예를 들어 각양각색의 자동차 사진을 보여 주고 각 사진이 자동차라는 답을 주면, 인공지능 소프트웨어는 학습을 해. 충

분히 학습한 후에는 자동차 사진을 아무거나 보여 주어도 인공
지능 소프트웨어가 자동차라는 맞는 답을 내놓을 확률이 높아져.
전세계에 전기차 돌풍을 몰고 온 테슬라는 도로 위에서 벌어지
는 환경을 파악하기 위해 카메라를 사용하지. 스마트폰에 있는
카메라와 비슷한데, 이 카메라를 차량 곳곳에 달아 두고 사방을
찍으며 주위 차량이 어떻게 움직이는지, 어디에 장애물이 있는
지, 차선은 어떻게 그어져 있는지 등을 인공지능 소프트웨어가
판단할 수 있도록 영상을 제공하지. 이렇게 학습을 시키는 거야.

## 자율주행차엔 등급이 있어

자율주행차는 등급이 단계별로 있어. 마치 태권도에서 수련 정도
에 따라 급수가 있듯이 말이야. 한 단계씩 올라 유단자가 되는 것
처럼, 자율주행차도 한 단계씩 기술을 끌어올리고 있단다. 총 6단
계가 있는데 0단계부터 시작해서 5단계까지, 숫자가 올라갈수록
자율주행이 더 완벽해지지.

지금 도로 위에 다니는 많은 자동차들은 1단계에 해당해. 차선
을 벗어났을 때 차 내부에서 운전자에게 경보음을 울리는 기술은
이미 널리 적용되어 있는 상태야. 현재 자율주행 기술은 어느 단

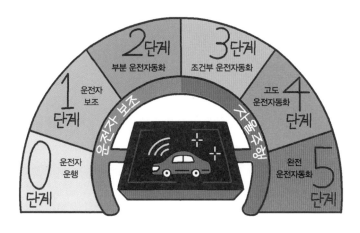

▶▶▶ 자율주행차의 등급

계까지 와 있을까? 우리가 일상에서 타고 다닐 수 있는 차는 2단계까지 자율주행 기술이 진행됐어. 5단계까지 있다는데 아직 너무 단계가 낮은 거 아니냐고 생각할 수도 있을 거야. 그런데 3단계만 되어도 이전까지는 사람 운전자가 책임을 지고 운전했다면, 이때부터는 인공지능 장치가 운전을 주도적으로 하는 단계가 돼. 그래서 3단계 자율주행자동차가 널리 사용되기에는 아직 무리가 있지.

세계 곳곳에서 많은 관련 업체들이 자율주행차 기술을 개발하고 있어. 전기차의 선두주자로 잘 알려진 테슬라도 자율주행 기술 개발에 집중하고 있지. 구글에서 시작해서 지금은 독립한 웨

이모(Waymo)라는 업체도 자율주행 기술 개발에 진심이야. 우리가 타고 다니는 일반 자동차를 만들어 오던 기존의 자동차 회사들도 다양한 형태로 자율주행차를 만들기 위해 노력하고 있어. 현대자동차는 서울 강남에서 로보라이드라는 자율주행차를 시범적으로 운행하고 있지. 스마트 폰 앱으로 자율주행차를 택시처럼 불러 사용할 수 있어. 아직은 특정 시험자들한테만 서비스가 제공되는데, 충분한 시험으로 많은 결과가 쌓여서 로보라이드를 안전하게 이용할 수 있는 경지에 이르면, 일반인들도 4단계에 해당하는 사율주행차를 경험해 볼 수 있을 거야.

스스로 알아서 움직이는 자동차라니, 상상만 해도 정말 신기하고 기대되지 않니?

## 자율주행의 딜레마

자동차는 많은 에너지를 갖고 있기에 빠른 것도 중요하지만 무엇보다도 안전하게 움직여야 해. 만약 인공지능 장치가 잘못된 결정을 내려서 부딪히는 사고가 난다면 자동차를 포함한 물건이 부서지고, 큰 충격으로 사람이 다칠 수도 있으니까 말이야.

실제로 2018년에 미국 아리조나주에서 차량 호출 업체로 유명한 우버(Uber)가 자율주행 모드로 시험하고 있는 차에 보행자가 치여 숨지는 안타까운 사고가 일어나기도 했었어. 당시 우버 차량에는 차량을 제대로 시험하고 있는지 감시하기 위해 운전자가 탑승했었는데, 시험에 집중하지 않고 스마트폰을 하고 있었다고 해. 자율주행차는 백 번 옳은 판단을 내려도, 단 한 번의 잘못된 판단으로 인명사고가 날 수 있기 때문에 기술이 완벽해지도록 더 많은 연구가 필요해.

자율주행이 쉽지 않은 건, 차가 도로를 지날 때 벌어지는 다양한 상황에 잘 대처해야 할 뿐만 아니라, 어떤 결정을 내려야 할지 쉽게 결정을 내리지 못하는 특수한 상황이 발생할 수 있다는 점 때문이야. 이것을 '자율주행의 딜레마'라고 해. 딜레마는 몇 가지 중에서 한 가지를 골라야 하는데 이러지도 저러지도 못하는 상태를 말하지.

예를 들어 볼까? 이 문제는 광차 문제(Trolley Problem)<sup>*</sup>라고도 불려. 가령 자율주행차에 5명이 타고 가고 있는데, 앞에 갑자기 도로를 건너는 5명의 사람이 나타났어. 이때 브레이크가 고장 난

---

★ 윤리학에서 가정하는 사고 실험의 하나로, 제동 장치가 고장 나 정지할 수 없는 탄광 수레 (trolley, 광차)가 소수 또는 다수의 사람을 희생시킬 수밖에 없을 경우에 어느 쪽을 선택해야 하는가에 대한 질문이야.

자율주행차는 멈출 수 없는 상황이라서 선택해야 해. 도로를 건너는 5명의 사람을 치거나, 또는 핸들을 움직여 이를 피할 경우엔 옆 난간에 부딪혀 탑승객 5명이 모두 죽을 수 있는 상황이라서 두 가지 선택지 중에 하나를 골라야만 하지. 우리는 자율주행차에게 어떤 선택을 하라고 학습시킬 수 있을까?

이 문제를 조금 바꿔 볼게. 차에 탄 탑승객을 1명이라고 치자. 그러면 대부분의 사람들이 도로 위에 있는 5명을 살리기 위해 탑승객 1명이 희생할 수밖에 없는 선택을 내려야 한다고 생각할 거야. 그런데 만약에 그 탑승객이 나 자신 또는 내가 사랑하는 가족이라면? 그럼 대답이 쉽지 않겠지? 어쩌면 생각이 이전과 달라질지도 몰라. 나 또는 내 가족이 타는 자율주행차가 운전자를 보호하기보다 더 많은 사람을 살리는 그러한 결정을 내린다면, 아마 선뜻 자율주행차에 타기는 힘들 거야. 쉽지 않은 윤리적인 문제가 여기서 발생하게 돼.

또한 자율주행 기술을 완벽한 수준으로 이루기란 쉽지 않아. 사이버 보안도 문제 중 하나이지. 우리가 매일 사용하는 스마트폰의 운영 시스템이 새롭게 변경될 때마다 업데이트가 무선으로 자동 실행되는 것을 경험해 본 적이 있을 거야. 자율주행차도 네트워크를 통해 무선으로 데이터를 주고받아. 개선 수정된 소프트웨어를 업데이트받기 위한 가장 빠른 방법이지. 그런데 만약 누가 나쁜 의도를 가지고 왜곡된 데이터를 보내서 자율주행차를 마음대로 움직인다면 어떻게 될까? 스마트폰이야 바이러스에 걸리면 먹통이 되어서 불편을 겪겠지만 그것으로 인해 다치거나 하지는 않잖아? 그런데 빠르게 달리는 차는 경우가 다르지. 나쁜 마음을 먹고 있는 사람이 자율주행차를 마음대로 원격 조정할 수 있게 된다면 정말 큰 사고가 일어날 수도 있어. 자율주행차가 무엇보다도 외부의 사이버 공격으로부터 보안이 철저하게 유지되어야 하는 이유지.

그래서 자율주행 기술 발전과 도입은 조심스럽게 접근되어야 해. 한 단계 한 단계 차근차근 확인해 가면서 기술 발전을 이루어야 하지. 이런 이유 때문에 자율주행 기술 단계를 만들어 놓은 것이란다. 스마트폰으로 유명한 미국 애플사도 처음 계획으로는 2025년에 스티어링 휠(운전대)과 가속 페달이 사라진 완전 자율주행차를 시장에 내놓기 위해 연구를 꾸준히 해 왔다고 알려졌었어. 그런데 최근 보도에 의하면 완전 자율주행차를 완성하는 계획을 수정해서, 고속도로에서만 완전 자율주행할 수 있는 자동차를 만들겠다고 목표를 바꿨다고 해.

아직은 연구 단계지만, 많은 연구개발자들이 노력하고 있으니까 머지않아 우리가 상상했던 일들이 눈앞에 펼쳐질 거야. 지금 처럼 자율주행차의 출현과 기술 개발에 계속 관심을 가진다면, 그리고 그 분야로 진로를 결정해 관련 공부를 하는 학생들이 많아진다면 그 속도는 더 빨라지겠지? 지금 이 책을 읽는 여러분이 미래에 완벽한 자율주행차를 만드는 주인공이 될지도 모르는 일이잖아?

# 6장

# 도시 하늘을 나는 도심항공 모빌리티

## 상상만 해도 신나는
## 하늘을 나는 자동차

하늘을 자유로이 나는 자동차는 초등학교 때 미래 도시를 상상

하는 그림을 그리는 미술 시간에 꼭 빠지지 않는 단골손님이었

어. 애니메이션이나 영화에서도 미래 속 도시에서 마치 스케이

트보드처럼 하늘을 길 삼아 쭉쭉 미끄러져 요리조리 나는 자동

차가 나왔지. 그런데 왜 하늘을 나는 자동차는 여전히

상상 속에서만 존재할 뿐 현실화되지 않았을까?

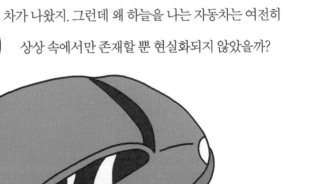

자동차 모양은 아니지만, 도심을 나는 비행체는 이미 헬리콥터
가 있어. 도시 상공에서 헬리콥터를 자주 볼 수는 없지만, 일단 나
타나면 상당히 큰 소리를 내기 때문에 존재를 쉽게 알아차릴 수
있지. 자주 사용하기엔 소음이 적지 않고, 무엇보다 엔진을 사용
해서 공중에 뜨기 위한 힘을 얻기 때문에 연료를 태워야 해. 연료
를 태우면 이산화탄소가 나오니까 환경오염의 우려가 커져만 가
는 이때 적극적으로 사용하기는 힘든 운행 수단이지. 또한 헬리
콥터는 수많은 부품으로 만들어져서 고장이 나면 수리도 어렵고,

관리도 힘들어. 가격이 매우 비싸서 많은 사람이 이용하기가 쉽지도 않고.

그런데 어쩌면 수년 내에 하늘을 나는 자동차가 진짜 나올지도 몰라. 그동안 상상만으로 꿈꾸던 일이 왜 갑자기 무엇 때문에 현실로 나타날 가능성이 커진 걸까? 그 이유가 궁금하지 않니?

하늘을 나는 자동차의 희망은 드론에서부터 시작됐다고 볼 수 있어. 우리가 집 안에서도 장난감으로 즐기는 드론 말이야. 드론 (drone)은 원래 수컷 벌을 의미해. 드론이 날 때 나는 소음이 마치 벌이 윙윙거리는 소리랑 비슷해서 붙여신 이름이야. 드론을 살펴보면 모터가 여러 개 있고, 각 모터 축에 프로펠러가 달려서 아주 빠르게 돌아가지. 모터는 작은 배터리에 연결되어 있고, 아주 작은 전기 회로인 제어기(또는 컨트롤러라고 불러)가 드론 몸통에 자리 잡고 있어(예전에 가지고 놀았던 지금 집 어딘가에 있을 드론을 찾아서 살펴보며 이 책을 읽으면 더 이해가 쉬울 거야).

하늘 공간을 자유롭게 날아다니는 드론을 보면서 아마 이런 생각을 한 번쯤은 해 봤으리라 생각해. 드론을 사람이 탈 정도로 크게 만들면 어떨까 하는 생각 말이야. 드론 기술이 점차 발전하면서 사람을 태울 정도로 크게 만들어 보자는 쪽으로 자연스럽게 연구가 이어졌어. 특히 전기 모터와 배터리 기술의 발전이 상상으로만 머물러 있던 여러 가지 하늘을 나는 방법들을 현실로 가능하게 해 주었지.

## 헬리콥터와 드론의 차이점은?

하늘을 나는 비행체는 뜨는 방법에 따라 두 가지로 나눌 수 있어. 넓은 면적의 날개가 몸체에 딱 붙어 있어서 움직이지 않는 형태가 있는데, 흔히 비행기라고 부르지. 그리고 헬리콥터라고 부르는, 프로펠러가 빠르게 회전하는 형태가 있어.

비행기는 뜨는 힘을 얻으려면 빠른 속력을 얻어야 해. 속력을 얻기 위해서는 수평으로 달려야 하지. 공항에 가면 활주로라고 부르는 기다랗고 잘 닦여진 길을 본 적이 있을 거야. 비행기는 활주로에서 속력을 내어 무거운 몸체를 땅에서 떨어져 뜨도록 만드는 힘을 얻는단다. 이런 방식의 비행체 이륙 방법을 '수평 이륙'이라고 해. 다들 잘 아는 것과 같이 헬리콥터는 이런 활주로가 필요 없어. 제자리에서 뜨고 내릴 수 있는데, 이 방법은 '수직 이착륙'이라고 불러.

도심은 활주로를 만들 수 있는 공간이 없으니까 헬리콥터처럼 위아래로 뜨고 내리는 비행체가 유리하겠지? 배터리 기술이 발전하면서 수직 이착륙기를 엔진이 아니라 전기 모터가 돌리는 프로펠러에 의해 뜨는 힘을 얻는 방법을 생각해 보게 되었어. 전기차도 배터리에서 전기를 얻어서 모터를 돌리고, 모터 축을 따라서 전해진 운동에너지의 끝에 자동차 바퀴가 달려 있잖아. 자동차 바퀴가 지면과 맞닿은 면에 마찰이 발생하고, 이 마찰에 의해 지면을 박차고 자동차가 움직일 수 있는 건데, 수직 이착륙하는 전기 비행체도 같은 원리야. 배터리에서 나온 전기에너지가 모터를 회전시키고, 모터 축을 따라서 전해진 운동에너지로 프로펠러를 돌려서 뜰 수 있는 힘을 얻는 거지.

그러니까 결국엔 수직이착륙 전기비행체도 배터리와 모터가 아주 중요해. 전기차를 위한 배터리 기술의 발전이 곧 전기 비행기의 발전을 가져오게 된 거지. 이처럼 한 분야에서 개발된 과학 기술이 비슷한 다른 분야에도 쓰일 때 여러 분야가 함께 발전하는 결과를 얻게 돼.

헬리콥터는 우리가 알다시피, 엔진을 사용한단다. 그렇다 보니 이동할 때 이산화탄소를 내뿜어. 헬리콥터가 비싸서이기도 하지만, 안 그래도 도로 위에 가득 찬 자동차 때문에 공해 물질이 고민인 도심이다 보니 적극적으로 사용하기가 어려웠던 거지.

이 고민들을 전기 비행기를 사용하면 해결할 수 있어. 원래 정식 이름은 '전기 동력 수직 이착륙 비행체(electric Vertical TakeOff and Landing vehicle)'라고 하는데, 줄여서 e-VTOL이라 부르지. 그런데 우리는 쉬운 말로, 전기 비행기라고 하자. 전기 비행기는 배터리와 모터를 사용하니까 날아다닐 때 이산화탄소가 배출되지 않아. 헬리콥터처럼 수직 이착륙 형태로 만들면 기다란 활주로도 필요 없고, 이미 만들어져 있는 헬리콥터 이착륙장을 사용하면 되니까 시설을 새로 만들지 않아도 돼서 더 좋지.

그럼 소음은 어떻게 해결할까? 헬리콥터처럼 시끄럽다면 도심에서 사용하기가 쉽지 않을 테니 말이야. 명절이면 헬리콥터를 타고 고속도로가 얼마나 막히는지 방송하는 기자가 두꺼운 헤드폰을 쓰고 있는 모습을 보았을 텐데, 타고 있는 헬리콥터의 소음이 엄청나서 그런 거란다. 물론 헬리콥터도 작은 프로펠러를 여러 개 사용하는 방법을 쓰면 소음을 줄일 수는 있어. 하지만 여러 개의 부품으로 만들어진 엔진이 비싸기도 하고, 또한 고장이 나면 고치는 데 돈이 많이 드는 등, 도심항공 수단으로 사용하기엔 단점이 많아. 특히 엔진을 여러 개 사용하기 위해 엔진의 크기를 줄이면 엔진의 효율이 줄어들 거야. 무슨 말이냐면, 여러 개의 엔진이 연료를 많이 소비하지만 프로펠러를 돌리는 동력은 상대적으로 줄어든다는 뜻이야.

그런데 모터를 사용하는 전기 비행기는 사용할 수 있는 모터 개수에 제한을 거의 받지 않아. 원하는 만큼의 모터를 사용할 수 있지. 뜨는 힘을 얻기 위해 모터를 여러 개 사용해서 프로펠러의 길이를 줄이면 소음도 크게 줄일 수 있어. 프로펠러가 돌아가는 속도를 서로 약간씩 다르게 하면 소음이 뭉그러지게 소리가 나와서 훨씬 듣기 편하고 말이야. 어릴 때 갖고 놀았던 미니카가 모터와 배터리로 만들어졌다는 걸 떠올리면 이해가 쉬울 거야.

최근엔 이전보다 가볍고, 더 많은 전기에너지를 저장할 수 있는 배터리가 개발되어 정말로 수많은 기업들이 사람이 탈 수 있는 전기 비행기 제작에 도전적으로 뛰어들고 있어. 배터리의 발달로 사용할 수 있는 모터의 개수가 많아지면서 다양한 모양과 나는 방법도 가지각색으로 서로 다른, 전기 비행기의 개발 경쟁이 시작되었지.

## 저마다의 개성을 가진 전기 비행기

현재 세계에는 수백 개에 이르는 업체들이 저마다의 꿈을 실현하기 위해서 열심히 노력하고 있어. 그들의 꿈은 자신들이 만든 수직 이착륙 전기 비행기가 세상에 나와 사람들을 태우고 하늘을 날아다니는 거야. 각 업체마다 아이디어가 톡톡 튀는 다양한 전기 비행기가 설계되었는데, 크게는 세 가지 종류로 나눠 볼 수 있어. 여기서 소개하는 것 말고도 다른 모양과 방법으로 움직이는 전기 비행기가 있으니 찾아보고, 머릿속으로 자신만의 전기 비행기를 설계해 봐. 상상으로만 머물렀던 것이 현실로 이뤄질 수도 있으니까 공부하고 노력하는 것을 게을리하지 말자고.

첫 번째로 소개할 전기 비행기는 틸트로터(Tiltrotor)라고 해. 모터와 프로펠러가 발생시키는 추진력 방향을 변경시키는 방법으로 비행하지. 회전 날개를 기울일 수 있어서, 지면에서 수직으로 떠오를 때는 모터와 프로펠러가 수직으로 아래를 향하도록 돌려서 추진력을 발생시켜 이륙해. 그리고 일정 높이(고도)까지 떠오르면 앞으로 나아가기 위해 모터와 프로펠러가 추진력을 내는 방향을 수평으로 돌려. 모터보트에 달려 있는 물을 가르는 스크루와 모터를 상상하면 이해하기 쉬울 거야. 모터와 스크루가 조합된 운전대를 좌우로 움직이면 보트의 방향을 조절할 수 있잖아. 그것과 같은 원리야.

두 번째로 소개할 전기 비행기는 수직 이착륙에 사용하는 프로펠러와 수평 비행할 때 사용하는 프로펠러가 각각 따로 있는 방식으로, 복합형(Lift and Cruise)이라고 해. 말 그대로 떠오를 때는

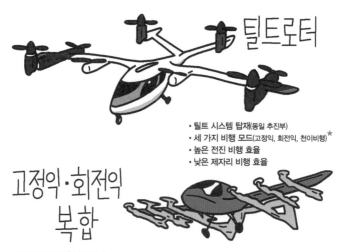

# 틸트로터

- 틸트 시스템 탑재(동일 추진부)
- 세 가지 비행 모드(고정익, 회전익, 천이비행)★
- 높은 전진 비행 효율
- 낮은 제자리 비행 효율

# 고정익·회전익 복합

- 독립적 고정식 추진부 구성
- 세 가지 비행 모드(고정익, 회전익, 천이비행)
- 틸트로터보다 수직 이착륙이 용이
- 높은 전진 비행 효율

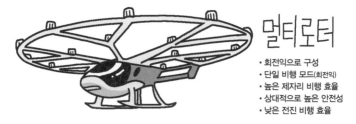

# 멀티로터

- 회전익으로 구성
- 단일 비행 모드(회전익)
- 높은 제자리 비행 효율
- 상대적으로 높은 안전성
- 낮은 전진 비행 효율

▶▶▶ 추진 형태별 전기 비행기

★ 일반 여객기와 전투기같이 날개가 고정된 형태를 고정익이라 하고, 헬리콥터나 드론 등과 같이 끊임없이 날개가 회전하며 양력을 발생시키는 형태를 회전익이라 해. 천이비행이란 수직으로 이륙한 후에 수평으로 방향을 전환하는 비행이 가능한 형태를 말하지.

수직으로 장착된 프로펠러를 활용하고, 수평으로 비행할 때는 수평 프로펠러를 활용하지. 양력(수직)과 추력(수평)의 힘을 얻기 위한 회전익이 각각 배치되어 있는 형태야. 틸트로터형보다 수직 이착륙이 용이하고, 멀티로터형보다 전진 비행에 효율적이지.

마지막으로 소개할 전기 비행기는 꼭 장난감 드론같이 생겼는데 사람이 탈 수 있을 정도로 크게 만든 거로, 멀티로터(Multirotor)라고 해. 헬리콥터의 변형으로서, 여러 개의 모터와 프로펠러로 뜨기도 하고, 앞으로 나아가거나 좌우로 선회할 수 있지. 별도의 날개나 추진 기관 없이 프로펠러로 상대 속도를 변경하여 비행을 제어하는 형태야. 혹시라도 몇 개의 모터가 갑자기 고장 나도 안전하게 비상 착륙할 수 있도록 설계했어. 하늘을 나는 비행기는 무엇보다도 안전이 중요하니까.

이 밖에도 만약 내가 전기 동력 수직 이착륙 비행기를 설계한다면 어떤 방식, 어떤 모양으로 만들까 자유롭게 생각을 펼쳐 보면 정말 흥미로울 거야.

# 두근두근, 도심항공교통이 현실로

도로가 아닌 하늘을 날아다니려면 이동 수단인 전기 비행기 외에도 준비해야 할 것들이 따로 있어.

먼저, 우선 비행기가 하늘로 날아오르고 내려앉을 장소가 필요해. 높은 빌딩 또는 대형병원 옥상에는 헬리콥터가 착륙하고 이륙할 수 있는 공간이 있어. 이것을 헬리포트(heliport)라고 하는데, 포털 사이트에서 위성지도를 보면 고층 빌딩 꼭대기에 그려진 원 안에 H가 표시되어 있는 곳을 볼 수 있을 거야. 마찬가지로 수직이착륙 전기 비행기도 이와 같은 공간이 필요한데, 이착륙기의 전용 공항이라 할 수 있는 터미널 같은 공간을 버티포트(vertiport : vertical+airport)라고 부르기로 했어. 버티는 수직을 의미하는 영어 단어(vertical)의 앞글자야. 모빌리티에 사용되는 많은 단어들이 영어로 되어 있는 것을 보면, 미래과학에 관심이 있고 더 알아보고 싶다면 영어 공부도 열심히 해야겠지?

도심항공을 위해서는 수없이 날아다니는 전기 비행기를 통제할 교통 통제소도 필요해. 공항에 가면 활주로 옆에 마치 전망대처럼 우뚝 높이 솟은 건물이 있는데, 이것이 관제탑이야. 이 관제탑처럼 수많은 전기 비행기가 이륙하고, 착륙하고, 하늘 길을 지나다니는 것을 계속 감시하고 통제하는 곳이 필요하거든. 그러지 않으면 비행기끼리 서로 운행 경로가 얽혀서 사고가 날 수도 있어. 통제하는 곳과 비행기 사이에, 또는 비행기와 비행기 사이에 서로 통신이 가능해야 해. 혹시라도 모를 사고를 예방하고, 서로 안전하게 하늘 길을 오고 가기 위해서 말이야.

도심에서 전기 비행기를 활용한 모빌리티를 도심항공교통 (Urban Air Mobility, UAM)이라고 부른단다. 지상과 지하 교통이 한계에 다다르자 이를 극복하기 위해 도입하려는 도심 교통 시스템이지. 우리나라도 전기 비행기를 도심에서 이동 수단에 사용하려고 많은 것을 계획하고 준비하고 있어. 2020년 5월, 한국형 도심항공교통을 추진하기 위한 로드맵(로드맵은 어떤 목표를 이루기 위해 만든 대략의 계획을 말해)을 만들었어. 도시에 사람들이 자꾸 모여들어서 도시 인구가 늘고 있잖아. 도시에서 특히 차가 밀리는 시간을 경험해 봤다면 도심항공교통의 필요성을 충분히 공감할 거야. 활주로 없이 이착륙할 수 있고, 배터리와 모터를 활용해 친환경적이어서 탄소중립 시대에 새로운 교통 방식으로 떠오르고 있지.

도심항공교통은 도시에서 30~50킬로미터 사이의 거리를 이동하는 시간을 20분 이내로 만드는 것부터 해 보려고 계획 중이야. 특히 공항과 도심 사이 운행을 먼저 시작하려 하고 있어. 전기 비행기가 오고 가는 하늘의 높이는 약 300~600미터 사이가 될 것으로 예상하고 있지. 그래서 이 전기 비행기가 내는 소음을 사람들이 대화할 때 정도의 수준으로 낮추는 것을 기술 목표로 하고 있어.

도심의 도로 위 교통체증을 피할 수 있는 도심항공교통이 우리 생활 속에 자리 잡게 되면 이동 수단이 다양해지는 편리함을 경험할 수 있을 거야. 아직은 해결해야 할 여러 가지 일들이 많지만 노력하는 인류는 결국엔 답을 찾아낼 거야.

상상으로만 그려졌던 미래가 곧 눈앞으로 다가온다고 생각하니 두근거리지 않니?

# 7장

# 인류의 꿈,
# 우주 모빌리티

## 미지의 광활한 공간, 우주로!

어렸을 적에 별을 좀 더 가까이 보고 싶어서 천체망원경을 사려고 돈을 모았던 적이 있어(천체망원경이 집에 없어도 시민 천문대에 가면 별을 좀 더 가까이 볼 수 있긴 해). 저 멀리 있는 달과 별을 보면서 우주라는 공간을 상상하고, 언젠가는 나도 저곳에 갈 수 있지 않을까 생각해 보곤 했었지.

아주 오래 전부터 사람들은 하늘에 떠 있는 달과 별을 보며 많은 생각을 했었나 봐. 별에게 소원을 빌기도 하고, 별자리로 미래를 점쳐 보기도 했지. 그러다 우주로 어떻게 하면 갈 수 있을까를 생각했고, 그에 대한 답은 19세기에 들어서면서 찾을 수 있었어.

러시아의 콘스탄틴 치올코프스키(Konstantin Eduardovich Tsiolkovskii)라는 과학자가 로켓 방정식이라 불리는 이론을 개발하면서 로켓을 이용해 우주로 갈 수 있겠다는 확신을 갖기 시작했거든.

그럼 왜 인류는 우주에 관심을 가졌을까? 단순한 호기심을 넘어서 인간이 우주로 나가야 할 이유는 여러 가지가 있어. 유명한 미국의 천문학자이자 과학 커뮤니케이터였던 칼 세이건 박사(Carl Sagan)가 한 유명한 말이 있는데, 그는 "우주로 나가지 않으면 모든 생명은 결국엔 멸종한다"라고 했어. 무슨 뜻일까?

공룡이 지구상에서 어떻게 사라졌는지 아니? 공룡이 만약 우수한 지능을 갖고 있어서 우주로 나갈 수 있는 방법과 계획이 있었다면 멸종되지 않았을 거라는 조금 엉뚱하고도 상상력이 풍부한 이야기가 있어. 공룡이 멸종한 건 우주에서 날아온 소행성이 지구와 부딪히면서 발생한 대기 환경의 변화 때문이란 가설이 아주 유력해. '만약에 공룡이 이러한 위기에 대비해서 지구가 아닌 다른 우주 행성으로 이주할 수 있는 능력이 있었다면 멸종되지 않고 더 발전하지 않았을까?' 하는 거지.

우주는 아주 극한 환경이야. 공기가 없는 진공 상태라는 것은 이미 과학 시간에 배워서 알고 있지? 우주 공간에서는 태양에서

오는 햇빛에 노출되었을 때와 그렇지 않을 때의 온도차가 몇백 도나 차이가 나. 생물체가 살아가기 매우 힘든 환경이지. 이렇게 척박한 환경인데도 왜 가야 하냐고? 이런 최악의 상황에서도 생명을 유지할 수 있는 과학 기술을 개발하는 것이 곧 인류가 생존할 수 있는 방법을 찾는 것이니까 그래. 미지의 공간에 대한 단순한 호기심에서부터 시작해서 지금까지 말한 것 이외에도 인간이 우주로 나가야 할 이유는 여러 가지가 있단다. 그 이야기는 다음 장에서 하고, 우주로 나가는 방법을 먼저 알아볼게.

인간은 어떻게 우주로 갈 수 있을까? 우주는 하늘을 시나 지구 대기권 밖에 있으니까 우선 날아야겠지. 그러려면 지구의 중력을 이겨내는 양력이 있어야 돼. 앞에서 전기 수직 이착륙 비행체에 관해 이야기할 때 잠깐 설명했었는데, 유체 속을 운동하는 물체에 운동 방향과 수직 방향으로 작용하는 힘인 '양력'은 공기가 있어야 얻을 수 있어. 공기가 없다면 양력이 발생하지 않아. 우주에는 공기가 없으니까 중력을 이기는 반대 방향의 힘이 있어야 돼. 그게 뭐냐고? 바로 추진력이야.

고무풍선을 크게 분 후에 입구를 잡고 있다가 놓으면 어떻게 되지? 풍선 내부에 있는 공기가 외부로 빠져 나오면서 그것의 반대 방향으로 풍선이 날아가잖아. 이때 분출되는 공기에 의해 발

▶▶▶ 발사되는 누리호(2차 발사). (출처: 한국항공우주연구원)

생하는 힘이 추진력이야. 작용에 대한 반작용으로 발생하는 힘이지. 따로 힘을 받는 지지점이 필요하지 않아. 공기 제트의 운동 방향과 반대 방향으로 힘이 작용하지. 이 원리를 적극적으로 활용한 것이 바로 인류를 우주로 보내 주는 로켓, 즉 우주 로켓(또는 우주 발사체라고도 불러)이야.

## 우주 발사체, 로켓의 탄생

우주 로켓의 탄생은 무기로부터 출발했어. 세상에 없었던 많은 혁신 기술들이 전쟁 무기를 개발하면서 탄생했단다. 로켓을 개발하기 위해서는 이전에 없었던 많은 부품들을 당시의 최신 기술을 총동원해서 만들어야 하는데, 그러려면 돈과 시간, 그리고 과학 기술자를 포함한 많은 사람이 필요했어. 또한 많은 자원이 투입되어야 기술의 혁신이 일어나는데, 그땐 전쟁이 혁신의 동기가 된 거지. 안타깝지만 지난날의 역사이니 전쟁이 다시 되풀이되지 않도록 전 인류가 노력해야해.

2차 세계대전에 나치 독일(나치당과 히틀러가 권력을 장악한 시기의 독일제국을 의미해)이 연합군을 공격하기 위해 신무기로 V2라는 로켓을 최초로 만들었는데, 이 로켓은 처음에는 우주로 나가지 못했어. 높이 솟구쳐 올라서 먼 거리를 날아가 영국 런던을 공격했지. 우주 발사체는 원래 인공위성이나 우주선을 우주로 실어 나르지만, 대신에 폭탄을 싣고 가면 무시무시한 무기가 되는 거야. 도구를 어떻게 사용하는가에 따라 용도가 극단적으로 바뀔 수 있는데, 안타깝게도 이러한 사실은 오직 우주 로켓의 역사에서만 해당하는 것은 아니야.

나치 독일 정부는 V2 로켓을 이용해서 자신들에게 불리해지는 전쟁을 단숨에 유리하게 바꿔 놓을 수 있다고 믿었는지도 몰라. 세계 최초로 만들어진 우주 로켓 V2는 산소와 알코올을 추진제로 사용했어. (V2를 우주 로켓이라 부르는 이유는 이 로켓이 대기와 우주를 구분하는 높이까지 솟구치는 데 인류 최초로 성공했기 때문이야. 다만 사람을 싣고 간 유인 로켓은 아니란다.) 산소는 액체 상태로 로켓 내부 탱크에 채워졌는데, 온도는 대기압에서 무려 영하 183도에 이르렀어. 집에 있는 냉장고의 냉동실 온도가 대략 영하 18도이니 이 것보다 10배나 더 낮은 온도이지. 산소를 이렇게 낮은 온도의 액체로 로켓에 싣는 이유는 더 많은 양을 채우기 위해서야. 기체로 채우면 채운 산소의 양이 적을 수밖에 없거든. 알코올을 태우는 산소를 가지고 가는 것이 로켓이 대기권에서 공기를 빨아들이며 하늘을 나는 일반적인 비행기와 다른 점이기도 하지.

이렇게 탄생한 V2 로켓의 기술은 2차 세계대전이 독일의 패배로 끝나면서 개발에 참여했던 많은 나치 독일의 과학 기술자들이 미국, 소련, 영국 등으로 흩어지면서 전파돼. 그 중에서 미국으로 건너 간 폰 브라운(Wernher von Braun) 박사와 동료 과학 기술자들이 계속 연구를 진행한 것이 가장 두드러지지. 폰 브라운 박사는 함께 간 독일 과학 기술자들과 V2 로켓 기술을 이용해서 미국 로켓 프로그램의 발전을 가속화했단다. 그리고 마침내 그는 미국이 처음으로 달에 발을 디딜 수 있게 한, 아폴로 프로그램에서 적지 않은 공헌을 하게 되는 새턴 5호라는 로켓을 개발하게 되지.

## 로켓은 어떻게 작동할까?

로켓은 공기를 가득 담은 풍선이 바람이 빠지면서 날아가는 것과 같은 원리로 날아가. 단지 로켓은 풍선에서 나오는 공기보다는 더 뜨겁고, 더 높은 압력을 가진 기체를 뿜어내지. 우리는 그것을 화염이라 불러. 우주로 향하는 로켓은 어떻게 작동하는지 내부를 들여다볼까?

우선 추진제의 종류를 알아볼게. 추진제는 고체와 액체로 나뉘어. 또 액체 추진제는 연료와 산화제로 나눠지. 추진제가 바로 풍선 안에 든 공기라 할 수 있어. 로켓에서 추진제는 내부에서 타면서 높은 온도와 압력을 가지고 노즐을 통해서 뿜어져 나오지. 혹시 누리호가 발사되는 모습을 봤니? 다른 어떤 로켓이라도 좋아. 인터넷 검색창에서 '로켓'이라고 검색해 보면, 꼭 아이스크림콘을 뒤집어 놓은 것 같은 모양을 가진 노즐이 원기둥 같은 로켓의 끝에 달려 있는 걸 볼 수 있어. 원기둥 내부에는 추진제를 저장하고 있는 탱크가 들어 있지. 이 노즐에서 추진제가 탄 아주 뜨거운 기체가 무시무시하게 빠른 속력으로 나온단다. 이 작용에 대한 반작용으로 로켓이 힘을 얻어서 우주를 향해 날아가는 거야.

추진제가 만약 고체 상태라면 고체 로켓이라고 불러. 고체 로켓은 우주 로켓에도 적용되지만, 주로 무기인 미사일에 사용돼. 액체의 경우엔 추진제를 채우는 등 준비하는 데 시간이 많이 걸리지만, 고체는 그럴 필요가 없거든. 성능은 액체가 훨씬 뛰어나단다. 그래서 평화적인 목적으로 사용하는 우주 발사체에는 고체보다는 액체 로켓이 주로 사용되지. 누리호도 액체 산소와 케로신(백등유)을 추진제로 사용했어.

그렇다면 액체 추진제를 사용하는 우주 로켓을 좀 더 자세히 알아볼까? 2022년의 두 번째(2차) 발사에서 인공위성을 궤도에 안착한 누리호는 어떻게 작동한 것일까? 앞에서 설명한 것처럼 액체 산소와 등유를 추진제로 사용했어. 때로는 로켓 연료라고 말하기도 하는데 정확한 표현은 추진제야. 케로신은 연료에 해당하지. 케로신은 자동차에 넣는 휘발유나 경유와 비슷한 탄화수소 연료야.

로켓은 크게 세 부분으로 나뉘어져 있다고 보면 돼. 가장 아래쪽엔 노즐을 포함한 액체 로켓 엔진(누리호는 1단 로켓에 4기의 로켓 엔진을 가지고 있어), 그리고 위로 연결된 추진제 탱크를 포함한 로켓 동체, 가장 위에 덮개로 싸인 내부에 인공위성이 장착되어 있어. 로켓을 조종하는 각종 전자 장치는 인공위성 바로 아래쪽에 달려 있단다.

누리호는 3단 로켓으로 이루어져 있어. 무슨 말이냐면, 로켓 3개를 마치 석탑처럼 쌓은 형태지. 이렇게 만든 이유는 간단해. 로켓이 땅을 박차고 올라갈 때 탱크에 들어 있는 추진제를 계속 태워서 노즐을 통해 뿜어내며

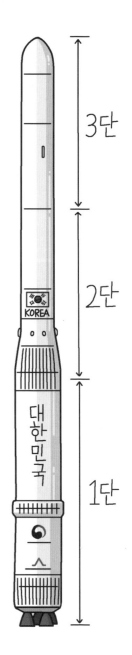

우주를 향해 날아갈 것 아니야? 추진제를 다 쓰고 로켓 몸체만 남는다면 더 이상 쓸모가 없고, 더 속도를 얻어서 날아가야 하는데 필요 없는 무게만 차지하겠지? 이런 경우에 빈 탱크를 포함하고 있는 로켓을 버리면 날아가는 데 더 유리할 거야. 이론적으로는 작은 로켓을 무수히 많이 연결하면 되겠지만, 현실적으로는 불가능하니까, 가능한 적은 수의 로켓을 사용하는 것이 좋아. 우주 로켓을 몇 개의 로켓(이것을 단(stage)이라고 해)으로 만들지에 대한 결정은 수많은 고민을 통해서 얻어진 결과야. 전문가들은 우주 로켓으로 얼마나 무거운 물체(하늘을 나는 비행체는 지구의 중력을 항상 이겨 내야 하기 때문에 무게에 정말 민감하단다)를 얼마나 높이 보낼지를 계산해서 우주 로켓을 만들어.

발사대를 박차고 우주를 향해 높이 날아오른 우주 로켓은 1단 로켓에 들어 있는 추진제를 모두 태우면 1단을 분리해서 버리고, 2단 로켓에서 불을 뿜기 시작한단다. 이런 식으로 2단 로켓과 3단 로켓까지 다 태우고 나면 인공위성이나 우주선을 분리시켜서 우주 궤도에 안착시키거나, 지구 중력의 영향을 벗어나도록 만들어. 한 치의 오차도 없이 모든 것이 착착착 계획했던 대로 진행되어야 성공했다고 할 수 있단다. 로켓 과학은 이처럼 작은 오차도 발생해서는 안 되는 매우 어려운 것으로 알려져 있어. 하지만 우리나라도 못할 것 없지. 안 그래? 대한민국 공학자와 과학자들의 노력을 계속 응원하자고!

## 새로운 우주 시대가 펼쳐진다

다시 20세기 중반으로 돌아가 보자. 나치 독일에 의해 탄생한 V2 로켓은 독일 과학자들과 함께 미국과 소련으로 넘어갔어. 각 나라에 흩어진 독일의 과학자들은 계속 로켓 개발을 이어 나갔단다. 2차 세계대전이 끝나고 겉으로는 조용해 보였지만, 강대국인 미국과 소련 사이엔 보이지 않는 경쟁이 우주 개발 분야에서 진행되고 있었어. 이것을 사람들은 우주 경쟁(space race)이라고 불러. 소련에는 세르게이 코롤료프(Sergei Korolev)라는 로켓 개발자가 있었고, 미국은 독일에서 넘어간 베르너 폰 브라운이 있었지.

우주 경쟁에서 먼저 앞서 나간 나라는 소련이었어. 최초의 인공위성인 스푸트니크호를 지구 궤도에 올렸고, 세계에서 처음으로 우주인*을 배출했지. 그가 바로 유리 가가린(Yurii Alekseevich Gagarin)이야. 경쟁에서 자꾸 밀린다고 생각한 미국은 마음이 급

---

★ 우주인은 우주 비행을 위하여 특수 훈련을 받은 비행사를 의미해.

해졌어. 기울어진 경쟁 구도를 바꾸기 위해서 노력했는데, 그 결과로 아폴로 프로그램을 만들었고, 끝내는 달에 우주인을 보내는 성과를 올렸지.

미국과 소련의 우주 개발 프로그램을 각각 가능하게 한 우주 로켓은 바로 새턴V 로켓(새턴 5호)과 R-7 로켓이야. 우주로 보낼 수 있는 화물의 무게는 서로 달랐지만 말이야.

소련의 붕괴로 냉전시대가 끝나고, 우주 경쟁도 같이 막을 내리게 되었어. 미국은 우주왕복선을 개발해서 우주정거장에 우주인과 화물을 보내는 데 사용했고, 소련은 R-7 로켓을 계속 개량해서 소유즈 우주선을 탑재한 로켓으로 진화시켰지. 더 이상 나라 사이에 경쟁하는 이유를 잃어버린 듯한 우주 개발은 한동안 침체기를 맞았어. 달 표면에 인류가 최초로 발자국을 남긴 이후로 그 이상의 더 먼 우주 공간에 사람이 직접 도달하는 모빌리티 혁신은 일어나지 않았지.

그런데 21세기 들어서 이전과 다른 상황이 벌어졌어. 일론 머스크가 설립한 스페이스X라는 우주 발사체 개발업체가 등장한 거야. 이전에는 국민 세금으로 운영되는 NASA(미국 항공우주국)와 같은 공공기관이 주도적으로 우주 발사체를 개발했었거든. 민간 기업이 세금이 아닌 자본으로 우주 로켓을 만들어서 성공한 것은 스페이스X가 처음이야. 우주 로켓은 개발하는 데 돈이 너무 많이 들어서 민간 기업이 직접 나서기엔 비용 부담이 크기 때문에 불가능한 영역으로 여겨졌었어. 그런데 처음으로 스페이스X가 이것을 깨뜨린 거야. 팰컨 1이라는 우주 로켓으로 인공위성을 우주 궤도에 쏘아 올리는 데 성공했어.

그런데, 스페이스X가 성공시킨 것은 이것만이 전부가 아니야. 혹시 유튜브나 TV 뉴스에서 본 적이 있을지도 몰라. 원기둥처럼 생긴 로켓이 하늘로 솟구쳤다가 다시 발사했던 곳으로 되돌아오는 모습을 말이야. 맞아, 스페이스X는 세계 처음으로 다시 사용할 수 있는 우주 로켓을 만들었어. 이전까지 개발된 우주 로켓은 모두 다 한 번밖에 사용할 수 없었단다. 한 번 쏘아 올리면 회수할 수가 없어서 바다에 빠지거나 사막과 같이 사람이 없는 곳에 떨어졌지. 우주와 지구를 반복해서 왕복하도록 설계된 우주왕복선이 있지만, 우주왕복선이 추진력을 얻도록 해 주는 로켓도 역시 일회성에 해당하거든.

다시 사용할 수 있는 우주 로켓을 만들어야겠다고 생각한 것은 한 번 발사할 때 드는 돈을 어떻게 하면 절약할 수 있을까 고심하다가 나온 결과물이야. 비행기처럼 여러 번 사용할 수 있다면 돈을 절약할 수 있을 거라고 생각한 거지. 만약 비행기도 한 번 쓰고 버려야 한다면 우리가 제주도나 해외를 갈 때 비행기 푯값이 어마어마하게 비싸겠지? 이처럼 민간의 역할이 우주 분야에서 더욱 커지는 현상을 뉴스페이스(New Space)라고 해. 이전의 정부가 주도하는 우주 개발을 일컫는 올드 스페이스(Old Space)와 구분하는 거지. 우주 모빌리티도 결국에는 얼마나 쉽고 안전하게 우주에 도달할 수 있는가에 따라 미래 발전이 달려 있다고 볼 수 있어.

## 우리나라의 우주 개발

우리나라도 우주로 화물을 운송할 수 있는 우주 로켓을 드디어 갖게 되었어. 바로, 누리호가 그거야. 누리호는 1차 발사에서는 마지막까지 인공위성을 싣고 가는 3단 로켓 엔진이 충분한 시간 동안 타지 못하고 예정보다 앞서 불이 꺼지는 바람에 성공하지 못했는데, 2차 발사에서는 1차 발사에서 파악된 문제점을 보완해서 기분 좋게 성공했어.

누리호는 약 1.5톤 무게의 인공위성과 같은 화물을 지상에서 600킬로미터 높이의 우주 공간에 올릴 수 있는 수송 능력을 가지고 있어. 1단 로켓은 75톤의 추진력을 갖고 있는 엔진 4기가 있고, 2단 로켓은 75톤 엔진의 노즐을 크게 만들어서 우주의 진공 상태에서도 충분한 추진력을 얻을 수 있도록 만들었지. 3단 로켓은 7톤 엔진 하나로 움직여. 이렇게 3단으로 만들어진 누리호는 우주를 향해 날아가면서 1단 로켓이 분리되고, 2단 로켓이 점화되고, 분리되는 순서로 지구 중력을 벗어날 속력을 갖게 된단다.

우리나라의 우주 개발 계획도 조금씩 변화하고 있어. 국가에서 주도하던 것을 민간 기업이 참여해서 우주 탐사와 우주 과학, 그리고 우주 산업까지 넓혀 나가는 형태로 계획이 세워졌지. 2045년에는 우주인을 우리 로켓으로 우주로 보낸다는 계획을 세우고 있단다. 또한 NASA가 추진 중인 아르테미스 프로젝트에도 참여해서 세계적인 우주 개발 국가들과 어깨를 나란히 하려고 해. 아르테미스 프로젝트는 2028년까지 달에 사람이 거주할 수 있는 유인 우주 기지를 만드는 것이 목표인, 범세계적인 우주 개발 계획이야.

우리나라 달 탐사 계획의 첫 번째 시작으로는 다누리가 있어. 다누리는 대한민국 최초의 달 궤도 탐사선이야. 2023년 현재, 달에서 약 100킬로미터 떨어진 궤도를 돌며 달을 바라보고 있지. 달 표면의 모습을 카메라로 찍어서 지구로 보내는 등 여러 가지 과학 기술 임무를 수행하고 있단다. 아마도 2030년대에 이르면 우리나라가 보낸 우주선이 달에 착륙하는 모습을 볼 수 있을 거

▶▶▶ 다누리가 달 상공에서 촬영한 달 표면과 지구. (출처: 한국항공우주연구원)

▶▶▶ 다누리의 아폴로 11호 착륙지 사진 촬영. (출처: 한국항공우주연구원)

야. 사뿐히 달 표면에 내려앉은 착륙선은 다양한 과학 기술 임무를 수행하겠지.

미국은 화성에 궤도선과 착륙선 등을 여러 번 보냈는데, 현재는 화성 표면에서 움직이는 로봇을 보내 탐사하고 있어. 이런 로봇을 로버(rover)라고 한단다. 다섯 번째 화성 탐사 로버의 이름은 '인내심'이라는 뜻을 가진 퍼서비어런스(Perserverance)인데, 화성에 있을 수 있는 고대 생명체를 찾는 임무를 수행하고 있어. 화성에 생명체가 살았다면 화성을 인간이 살 수 있는 행성으로 만들 가능성이 생기는 거니까, 미래에 화성에 도착한 우주인이 필요로 할 산소를 화성 대기에서 얻는 실험도 하고 있지. 그리고 화성 대기에서 인류 최초로 실험용 탐사 헬리콥터인 인저뉴어티(Ingenuity)가 날아올랐어. 인저뉴어티는 지구 아닌 별에서 처음으로 동력을 이용한 비행에 성공한 헬리콥터로 기록되었지.

달 탐사가 활발하게 진행되고, 달 기지를 중간 기착지로 삼아 화성까지 우주인이 직접 탐사하는 시대가 기다려지지 않니? 우주로 이동하는 길을 닦기 위한 우주 모빌리티는 이제 각 국가의 필수 미래 과학이 되었어. 우주는 그 큰 크기만큼이나 잡을 수 있는 기회가 무궁무진해. 지금처럼 우주 개발에 다양한 관심을 기울이면 미래에는 더 멋진 일이 우리 앞에 펼쳐지지 않을까?

# 8장

# 나의 미래를 바꿀 미래 모빌리티

# 모빌리티를 구성하는 기술

미래 예측은 현재 개발하고 있는 주요 기술을 이해하는 것에서
부터 시작해. 그래서 자동차 엔진의 발명, 전기 자동차로의 전환,
수소차의 출현, 운전자 없는 자율주행차, 하늘을 나는 도심항공
모빌리티, 그리고 지구를 벗어나 우주 모빌리티까지, 우리 곁에
있는 모든 다양한 이동 수단에 관한 과거, 현재, 미래에 대해 알
아본 거야.

지금까지 살펴본 대로, 모빌리티는 인간의 이동 욕구와 함께
발전해 왔어. 더 멀리, 더 빨리, 더 편하게 인간과 사물의 이동을
돕는 모빌리티 기술은 정보통신 기술과 만나면서 더욱 다양해졌

고, 안전해졌고, 저렴해졌지. 그런데 최근 들어 더욱 주목을 받는 이유는 뭘까?

첫 번째는 기후 변화 때문이야. 기후 변화는 지구의 평균 기온이 상승(지구 온난화)해서 발생하는 것으로 잘 알고 있지? 지구의 평균 기온이 올라가는 원인은 여러 가지가 있는데, 대기 중의 이산화탄소 농도가 올라가는 것이 한 가지 주요한 원인이야. 이동과 관련한 이산화탄소 배출이 전체 이산화탄소 배출의 약 16퍼센트를 차지한다고 해. 그러니까 사람의 이동과 화물의 이동으로 인한 이산화탄소 배출을 줄이는 게 꼭 필요해졌어. 더 이상 지구의 온도를 높이지 않으려면 말이지.

두 번째는 에너지 고갈 때문이야. 세계인이 사용하는 에너지의 대부분은 화석연료로부터 얻고 있어. 대표적인 화석연료는 석유, 천연가스, 석탄이야. 꾸준히 이런 연료가 묻혀 있는 새로운 장소를 찾아내고 있기 때문에 현재 얼마나 남아 있는지를 정확히는 모르지만, 무한한 양이 파묻혀 있는 것은 절대 아니야. 화석연료는 언젠가는 바닥날 것이기 때문에 대비를 해야 돼. 화석연료 사용을 줄여 나가야 하는 거지.

마지막 세 번째는 사람들의 이동에 관한 욕구가 계속 증가하고 있어서야. 더 빠르게, 더 편하게, 더 멀리 가고 싶은 욕망에 더 다

양하게, 더 안전하게, 더 저렴하게라는 새로운 욕구들이 계속 더해지고 있는 거지. 인류의 경제 활동이 증가하면서, 비행기를 타고 그동안 가 보지 못한 곳에 가려는 욕망과 더불어 세계 간 무역으로 화물 운송 또한 증가하고 있어. 이것은 경제가 발전하면서 생기는 당연한 결과야. 이때마다 여전히 이산화탄소가 배출되고 있으니 대기 환경은 앞으로 더욱 안 좋아지겠지? 게다가 사람들

이 계속 도시로 모여 들고 있어서 도심에서의 교통 체증은 날로 심각해지고 있어. 이런 다양한 문제들을 해결하기 위해서 새로운 모빌리티의 필요를 느낀 거야.

전기차로 전환하는 노력은 환경 친화적으로 전기에너지를 얻는 기술과 함께 발 맞춰 가야 해. 전기차는 운행 중일 땐 이산화탄소를 배출하지 않지만, 충전을 위한 전기에너지를 얻기 위해서는 여전히 이산화탄소를 배출하고 있거든. 그러면 이것은 전체로 봤을 땐 이산화탄소를 줄이는 완전한 방법이라고 보긴 힘들잖아? 전기차 사용에 대해서 부정적인 생각을 갖고 있는 사람들의 주장이 바로 이거야.

현재 우리나라의 전기차 사용은 전체 자동차의 2퍼센트도 안 돼. 여전히 연료를 태우는 내연기관 자동차가 대세를 이루고 있지. 하지만 앞으로 전기차에 대한 관심은 꾸준히 증가할 거야. 전기차가 친환경 운송 수단이라는 생각에 '환경을 고려한 소비'를 하겠다는 의지가 점점 강해지는 거지. 더하여 경제적인 이유도 있어. 현재는 1킬로미터를 운행할 때 전기차에 들어가는 소비자가 부담하는 비용이 내연기관차를 운행할 때 들어가는 비용보다 적게 들거든.

또한 새로운 기술을 다른 사람들보다 먼저 사용해 보겠다는 사람들이 많아지고 있어서이기도 해. 전기차의 승차감은 내연기관차보다 좋다고 볼 수 있거든. 내연기관차는 변속기가 엔진과 자동차 바퀴 사이에 있어서, 변속기 기어를 변경하면 엔진과 변속기 사이가 뗐다 붙었다 할 때마다 변속 충격이 생기거든. 우리나라의 차는 거의 대부분 자동 변속기인데, 자동 변속기도 변속 충격은 있어. 그런데 전기차는 변속기가 없으니까 부드럽게 속력을 올릴 수 있지. 이러한 다양한 장점들과 친환경이라는 매력이 새로운 모빌리티에 대한 호감을 더욱 키우는 것 같아.

## 가까운 미래를 더 가깝게 하려면

### 전기차 – 배터리의 기술 발달

기후 변화에 대응하기 위해서 앞으로는 전기차가 내연기관차를 대신할 것으로 예상돼. 그렇다면 얼마나 빨리 전기차가 대세인 세상이 올까?

전기차는 배터리가 가장 중요한 부품이야. 배터리가 전기에너지를 머금고 있다가 방출하기 때문이지. 배터리의 기술 발전에는 두 가지가 가장 중요한데, 첫 번째는 지금보다 단위 부피 또는 질량당 저장하는 전기에너지를 증가시켜야 돼. 현재는 전기 자동차가 내연기관 자동차에 비해서 한 번 충전해서 갈 수 있는 거리가 짧아. 전기 자동차를 충전할 수 있는 충전소가 최근 많이 생겨나긴 했지만, 앞으로 늘어날 전기차의 수요를 생각하면 여전히 부족하긴 해. 그래서 먼 거리를 가야 할 땐 어디서 충전할 수 있을지, 그리고 갑자기 전기에너지의 양이 줄어들면 어쩌나 하는 걱정이 되지.

또한 충전하는 데 드는 시간이 연료를 가득 채우는 시간보다 훨씬 오래 걸리기 때문에 급한 일정일 경우에는 문제가 생길 수 있어. 충전소에 대한 정보가 바로바로 업데이트 되면 상관없는데 그렇지 않은 경우에는 낭패를 볼 수 있거든. 현재 내 위치에서 가까운 충전소를 확인한 후에 적지 않은 거리를 운전해서 도착했는데, 만약 충전기가 고장이 나 있다면 정말 난감하잖아. (내 주위에 얼마나 많은 전기차 충전소가 있는 확인하려면 인터넷에서 'EV충전소 찾기'를 검색해 봐.)

특히 전기 자동차는 급속으로 충전하면 배터리 수명이 짧아질 수 있어. 배터리는 가능한 한 천천히 충전하는 것이 좋거든. 전기차는 엔진에서 나오는 열이 없기 때문에 겨울엔 배터리의 전기에너지로 난방까지 해야 해. 그래서 다른 계절보다 겨울에 배터리가 더 빨리 소모된단다. 그 부분도 해결해야 할 과제지.

배터리 기술 발전을 위한 두 번째 고민은 바로, 배터리 화재에 대한 대비야. 전기차에 사용하는 리튬이온 배터리는 한 번 불이 나면 끄기가 힘들어. 사람이 타는 자동차는 무엇보다도 안전이 중요하니까, 이 문제도 해결 방법을 반드시 찾아야 해.

전기차를 사용하려면 이처럼 일반 내연기관차와 다르게 고려해야 할 것들이 생겨. 많은 개발자들이 열심히 배터리의 에너지 저장량을 늘리는 것과 충전 시간 단축, 그리고 더 안전한 배터리 개발을 위해 노력하고 있으니 곧 더 성능이 우수한 전기차가 나올 거라고 기대해도 좋아.

## 수소차 – 그린 수소 사용하기

수소차는 연료전지(원료는 수소)에서 전기를 얻어. 수소를 공기 중의 산소와 촉매를 통해 반응시켜서 물을 얻고, 전자의 흐름을 통해 전류를 만들지. 전류가 전기 모터를 돌려서 주행이 가능해지는 원리야.

수소차는 기체 상태의 수소를 저장한 탱크를 지니고 있어. 수소가 워낙 밀도가 낮기 때문에 많은 양을 저장하기 위해 높은 압력으로 탱크에 가둬 두지. 그래도 여전히 부피가 커서 수소차는 스포츠유틸리티차량(SUV)같이 크기가 큰 차량에 적합해.

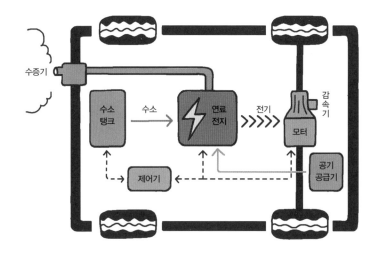

수증기

수소
탱크

수소

연료
전지

전기

모터

감
속
기

제어기

공기
공급기

▶▶▶ 수소차의 구조

　수소차의 가장 큰 장점은 이산화탄소를 배출하지 않는 거야. 충전 시간도 짧은데, 일반 내연기관차와 크게 차이가 나지 않아. 또한 주행 거리가 길다는 장점이 있지. 그런데 가장 큰 단점은 아직 수소차 충전소가 많지 않다는 거야. 그리고 연료전지 가격이 아직은 너무 비싸서 차량 가격이 비싸고, 덩치가 큰 수소 탱크를 실어야 해서 작은 차는 만들기가 까다로워.

　이러한 단점에도 불구하고, 이산화탄소를 배출하지 않는 수소차는 매우 매력적인 이동 수단임은 분명해 보여. 연구개발자들은 수소차가 가진 장점을 살리기 위해 부피가 큰 탱크를 실을 공간이 넉넉한 트럭을 수소차로 제작하려고 진행 중이야. 물건을 신고 정해진 장소를 오가는 화물 트럭에 활용하면 계획적으로 충전소를 꼭 필요한 곳에 세울 수 있어서 충전 인프라 부족이라는 단점을 누그러뜨리고, 장점을 극대화시킬 수 있거든. 화물 트럭은 주로 경유를 연료로 사용해서 환경오염의 원인으로 지적받았었는데, 도로 위에 수소 트럭이 많아지면 이 문제도 해결될 거야.

수소차는 결국 연료전지를 생산하는 가격이 지금보다 저렴해지고, 수소를 쉽게 얻을 수 있어야 더 많은 차량에 활용될 거라고 생각해. 현재는 수소를 얻을 때 탄화수소 연료를 사용하는데, 친환경 모빌리티의 최종 목표인 이산화탄소를 줄이기 위해서는 앞으로는 재생에너지를 이용해 물을 전기분해하여 얻는 그린 수소를 사용하는 시스템을 만들어야 할 거야.


### 자율주행 – 인공지능의 발전

미래에 활용되었을 때 우리에게 정말 크나큰 변화를 가져다줄 모빌리티 수단은 바로 자율주행차야. 현재 자율주행차에 거는 기대는 정말 높단다. 운전자가 없는 차라니, 상상해 봐. 앞으로 세상이 어떻게 변할까? 우리나라는 벌써 고령사회로 접어들었잖아? 자율주행차는 노인 운전자들의 운전 부담을 덜어줄 수 있어. 운전이 힘든 장애인에게도 큰 도움이 될 거야. 필요할 때마다 언제든 부르면 편리하게 사용할 수 있을 테니까.

자율주행차를 이용하는 사람들이 많아지면 차를 소유할 필요도 없어질 거야. 그러면 도로 위의 차량도 지금보다 확 줄어들겠지. 지금은 사람들이 소유하는 자가용의 경우, 도로 위를 달리고 있는 시간보다 주차장에 머물러 있는 시간이 훨씬 길잖아. 그런데 자율주행차가 생활화되면 필요한 만큼의 차만 사람을 싣고 다니면서 도로 위에 있으니까, 주차장이 지금보다 많이 필요 없어지니까 도심 공간을 더 효과적인 용도로 사용할 수 있을 거야.

당연히 교통체증도 줄어들겠지. 만약 모든 차가 자율주행차라면, 자동차끼리 서로 통신하면서 가장 효과적인 경로를 찾아서 운전할 테니까 교통사고도 줄어들 거야. 그러면 교통사고로 사망하거나 다치는 사람도 크게 줄어들 테고, 운전을 자율주행차에게 맡기면 그 시간을 다른 곳에 활용할 수도 있을 거야. 책을 본다든지, 아니면 인터넷 통신으로 전달된 재미난 콘텐츠를 보는 데 이용할 수도 있겠지.

이렇게 안전하고 편리한 자율주행이 가능해지려면 인공지능이 역할을 잘 수행해야 해. 인공지능이 운전하면서 발생하는 상황을 사람의 두뇌를 대신해서 판단해 실행해야 하니까, 어떠한 결정을 내려야 할지를 다양하게 학습시켜야 돼. 인공지능은 학습한 대로 행동하니까.

자율주행차 시대가 오면 운전은 편리함을 위해서 하는 게 아니라, 이제 재미로만 하게 될 거야. 마치 놀이공원에서 박치기 차를 운전하는 것처럼 말이야. 운전면허증이 필요 없는 세상이 올지도 모르지. 그게 언제쯤에나 가능해질까? 그날이 빨리 실현되기를 같이 기다리면서 인공지능에 계속 관심을 가져 보자고.

## 도심항공 – 무인 기술과 통신의 발달

자율주행차와 함께 기대되는 또 하나의 모빌리티가 도심항공 모빌리티야. 도심의 상공을 날아다니고, 수직으로 이륙과 착륙이 가능한 이 전기 비행기는 전기 자동차의 기술과 정보통신 기술이 발전한 덕분에 꿈꾸게 되었어. 하늘을 날아다니는 이동 수단이니만큼 무엇보다도 안전이 중요하잖아. 비행체가 승객을 하늘을 통해 안전하게 운송한다는 신뢰가 쌓여야 수요가 생길 거야. 그래서 정부 기관에서는 비행체가 안전하게 비행할 준비가 되었다는 승인을 하기 위해 여러 가지 규칙들을 만들고 있어.

현재 개발 중인 전기 비행기는 적게는 1명에서 많게는 10명의 승객을 운송할 수 있어. 앞으로 자율비행 능력까지 갖추게 된다면 조종사가 차지하던 자리에도 승객이 앉을 수 있을 테니까. 그러면 승객이 탑승을 위해 지불하는 금액도 줄어들겠지?

도심항공이 현실화되기 위해서는 모빌리티가 발생하는 소음 문제도 해결해야 해. 많은 사람들이 거주하는 도심에서 소음은 견디기 힘든 것이니까 말이야. 상용화되어 전기 비행기가 도심에 많아지면 비행을 통제할 필요도 생길 거야. 기존의 일반 비행기를 관제탑에서 통제하듯이 말이지. 앞으로는 항공 교통의 질서 있는 흐름과 안전을 위해 어떻게 도심 전기 비행기를 통제할지 법안도 고민해 봐야 해. 새로운 이동 수단을 받아들이기 위해 준비해야 할 것들이 참 많구나 싶지?

아마도 도심항공 모빌리티는 처음엔 버스처럼 일정 구간을 운행하는 셔틀 용도로 사용될 거야. 그러다가 버티포트에서 타고 내리는 에어 택시 형태가 되고, 그 다음은 자가용 형태의 비행기가 될 수 있을 거야. 그러려면 이용 가격을 내리기 위해서 기술이 더 발전해야 하고, 버티포트의 숫자도 많아져야겠지.

하늘로 날아다닌다면 굳이 시내 중심에서 거주할 필요가 없어질 거야. 도시 외곽으로 나와서 상대적으로 넓은 공간을 여유롭게 누리면서 살겠지. 빠르게 이동하거나 출퇴근할 때 앞마당에 있는 자율 전기 비행기를 이용한다고 상상해 봐. 코로나19로 비대면 시대를 겪었을 때, 메타버스에서 회의하고 재택근무를 하면서 원격으로 일해 본 경험을 떠올려 보면 그렇게 불가능한 미래 모습만은 아닐 거야.

## 우주 개발

도심을 벗어나 시골에 가면 유달리 별이 잘 보여. 별을 보면 무슨 생각이 떠오르니? 저 별은 얼마나 멀리 떨어져 있고, 그곳엔 뭐가 있을까 하는 궁금한 마음이 생기지 않아? 별이 보내는 빛을 천체 망원경을 이용해서 어느 정도 추측해 볼 수도 있겠지만, 직접 가 보는 게 더 좋을 테지.

냉전 시대에 미국과 소련을 중심으로 시작된, 우주 개발 및 진출을 위해서 펼쳐진 '우주 경쟁'이 최근에 다시 전 세계적으로 시작되었어. 한동안 우주 개발은 침체돼 있었는데, 최근 들어 국가가 아닌 일반 기업이 주도하는 형태의 우주 시대가 열린 거지.

그 중에서 스페이스X가 뉴스페이스 시대를 연 첫 번째 선구자라고 할 수 있어. 우주 경쟁에 뛰어든 최초의 민간 회사거든. 뉴스페이스 시대의 특징으로는 민간 주도의 우주 개발, 소형화와 저비용, 혁신적인 비즈니스 모델 등을 꼽을 수 있지. 스페이스X는 개인 회사로 출발해서 처음으로 우주 발사체를 만들었고, 위성을 지구 궤도에 올렸어. 바로 이 회사가 이전까지의 '우주 개발'을 '우주 모빌리티'라는 이름으로 탈바꿈시킨 혁신적인 일을 해냈지. 재사용 우주 발사체로 말이야. 한 번 쓰고 버리는 것이 아니라 여러 번 로켓을 사용할 수 있으니까 우주로 나가는 금전적인 문턱이 낮아졌다고 봐도 돼.

인류는 왜 우주로 가려는 걸까? 그리고 왜 지구 밖으로 이동해서 탐험하려는 걸까?

그 첫 번째 이유는, 모르는 것을 알고 싶어 하는 순수한 호기심 때문이라고 생각해. 아직 우주는 우리 인간에게 미지의 세계야. 인류의 호기심은 지식을 더 넓히고 축적하여 결국엔 과학과 기술을 더욱 발전시켜 현재의 수준을 넘어서게 할 수 있지.

지구와는 너무도 다른, 우주로 나아가는 활동인 우주 개발은 과학 기술을 발전시키고 인간의 원초적인 욕망인 호기심을 해결해 줘. 이전에 몰랐던 내용을 알아가게 되는 성취감을 맛볼 수 있게 되지. 우주 공간으로 나가기 위한 새로운 도전을 위해 연구하다 보니 이전에는 세상에 없었던 새로운 물건이 발명되기도 해. 예를 들어 스마트폰에 들어가는 작은 카메라 센서도 우주 개발을 위한 기술에서 탄생했단다. 화재경보기, 물 필터, 메모리폼 등도 NASA에서 만든 발명품이었어. 일상생활에서 볼 수 있는 우주 과학 기술의 좋은 예이지.

두 번째 이유는, 현실적인 문제와 연관이 있어. 우주에는 지구에는 없는 매우 희귀한 물질이 많아. 은, 백금 등 지구에는 양이 적어서 값비싼 물질들이 우주에는 많이 있거든. 그것을 캐는 데 관심 있는 사업가들이 꽤 많지. 그리고 달에는 헬륨-3이 많은 것으로 알려져 있어. 헬륨-3은 병원에서 쓰는 MRI 장비나 핵발전소에서 사용될 수 있거든. 그리고 지구에는 희귀한 물질인 유로퓸과 탄탈럼도 있는 것으로 알려져 있어. 유로퓸은 형광등, 컬러 TV, 레이저 재료 등과 같은 형광체에 사용되는 값비싼 물질이야. 탄탈럼은 다양한 실험실이나 전자 기기에 사용되는 금속 물질이고. 지구 자원 개발에서 이젠 우주 자원 개발로 방향을 바꾼 거지. 지구의 자원 부족 문제를 우주에서 답을 찾고자 하는 거야.

세 번째 이유는, 인간은 원래 끊임없이 이동하면서 새로운 세계를 개척해 왔어. 어쩌면 새로운 곳을 탐험하는 것은 인류의 사명인지도 몰라. 우물 안의 개구리가 될 수는 없잖아. '우주에는 무언가가 있지 않을까?' 하는 생각과 그로 인한 모험이 여러분과 같은 밝은 미래가 기다려지는 세대에게 새로운 비전을 제시하고 희망을 꿈꾸게 해. 앞으로도 무한한 발전이 기대되는 미래 모빌리티인 우주 개발에 꾸준히 관심을 가져 보자고!

# 미래는 예측할 수 없기에 즐겁다

'이동'은 어떻게 시작되었을까? 아마도 처음엔 호기심에서 출발했을지도 몰라. '이 숲을 지나면 어떤 풍경이 펼쳐질까?' 하는 호기심, '이 강을 건너면 어떤 사람들이 어떤 마을을 이루고 살고 있을까?' 하는 호기심, '지평선 너머에는 어떤 세상이 있을까?' 하는 호기심, 그리고 '저 하늘 우주를 지나 멀리 있는 달과 별에는 뭐가 있을까?' 하는 호기심 등등 말이야.

그 호기심을 채우기 위해서는 직접 그곳으로 가서 확인하는 수밖에 없었어. 아니면 나 대신 로봇을 보내서 습득한 다양한 정보를 통해 저 멀리 있는 세상에 대해서 알아보는 방법이 있었고. 인류는 이처럼 다양한 호기심을 만족시키기 위해, 필요를 해결하기 위해 이전에는 쉽지 않았던 이동을 가능하게 할 수 있는 다양한 수단을 만든 거야.

그리고 호기심이 많았던 인류는 주위에 펼쳐지는 자연 현상, 눈에 보이지 않지만 발생하고 있음을 알 수 있는 다양하고 매우 자연스러운 현상에 대해 '왜?'라는 질문을 계속해서 던졌어. 많은 시행착오와 다양한 시도, 꾸준한 학습을 통해 지혜를 모은 인류는 질문 끝에 언제나 답을 찾아냈고, 아직 해결 못한 질문에 대해서는 이후의 세대가 그 답을 찾아낼 수 있도록 더욱 과학을 발전시켜 왔지. 그 놀라운 과정을 우리가 모두 잊지 않았으면 해.

앞서 살펴봤지만, 인류는 오래전부터 더 나은 이동 수단을 갖기 위해 꾸준히 노력했단다. 앞으로도 그 노력은 계속될 거야. 지금의 변화 속도로 본다면 어떤 모습일지 전문가인 나도 상상이 조금 어렵긴 한데, 미래가 우리가 예상한 대로 흘러간다면 재미없잖아? 그러니까 상상조차 할 수 없을 정도로 새로운 과학이 우리 앞에 펼쳐질 거라는 기대감을 가졌으면 좋겠어. 물론 모빌리

티와 관련한 꿈이어도 좋고!

　때로는 조금은 엉뚱하게 들릴 수도 있는 질문을 꾸준히 자기

자신에게 던져 보자. 미래에는 더 많은 좋은 일이

생길 거니까!

과학 쫌 아는 십대 17

# 모빌리티 쫌 아는 10대

**초판 1쇄 발행** 2023년 11월 20일
**초판 2쇄 발행** 2024년 6월 14일

**지은이** 서성현
**그린이** 신병근
**함께 그린이** 이혜원 · 선주리

**펴낸이** 홍석
**이사** 홍성우
**인문편집부장** 박월
**편집** 박주혜 · 조준태
**디자인** 신병근
**마케팅** 이송희 · 김민경
**제작** 홍보람
**관리** 최우리 · 정원경 · 조영행

**펴낸곳** 도서출판 풀빛
**등록** 1979년 3월 6일 제2021-000055호
**주소** 07547 서울시 강서구 양천로 583, 우림블루나인 A동 21층 2110호
**전화** 02-363-5995(영업), 02-364-0844(편집)
**팩스** 070-4275-0445
**홈페이지** www.pulbit.co.kr
**전자우편** inmun@pulbit.co.kr

ISBN 979-11-6172-897-1  44550
        979-11-6172-727-1  44080(세트)

이 책은 해동과학문화재단의 지원을 받아 NAEK 한국공학한림원과 도서출판 풀빛이 발간합니다.